儿童营养餐

长高个儿 视力好 更聪明

任姗姗 编著

U0241789

中国轻工业出版社

前言

　　儿童期良好的营养是孩子体格和智力发育的基础，也是预防成年后多种慢性病的保证。孩子在儿童期生长快，体内合成代谢旺盛，需要充足的能量和丰富的营养。因此，均衡饮食，摄入丰富的营养对孩子来说尤为重要。

　　儿童需要的营养几乎都可以从食物中获取，吃得好、吃得健康对其生长发育来说是头等大事。本书分章节针对儿童成长中的不同需要，如长高、大脑发育、保护眼睛、强健骨骼等需要，有重点地介绍相应的关键营养素，同时从日常生活入手，培养孩子好的饮食和运动习惯，帮助其形成健康的生活习惯。

　　本书精心设计了120道营养食谱。食谱内容丰富，可以帮助孩子品尝多种食材，同时制作方法简单、易操作，可以作为日常饭菜，家长和孩子一同享用。

　　早餐是一天中能量和营养的重要来源，关系着孩子的营养和健康状况，同时早餐的质量还关系到孩子一上午的精力和学习能力。本书最后一章特意准备了一些花式早餐，在兼顾美味的基础上，融入了一些心思，让孩子吃得健康、吃得更有趣味，从而爱上吃早餐。

　　守护儿童健康，应该从孩子吃的食物开始。

目录

第一章
吃得好睡得香
助力儿童健康成长

好营养，好身体 ················ 14

身体生长迅速，营养需求量大 ········ 14

大脑发育的关键时期，需要充足的营养··· 15

各器官生长发育有阶段性 ·········· 15

儿童营养不均衡的表现 ········ 16

体格发育迟缓 ················ 16

过度肥胖 ··················· 16

便秘、口臭 ················· 16

情绪变化无常 ··············· 17

反应迟钝 ··················· 17

体弱多病 ··················· 17

面部"虫斑" ················· 17

怎么吃，才能营养均衡 ········ 18

读懂膳食宝塔，做到心中有数 ······· 18

碘盐不多不少 ··············· 19

油脂不可少 ················· 19

蔬果很重要 ················· 19

孩子不好好吃饭，原因在父母··· 20

放弃包办，让孩子自己动手 ········ 20

适当的饥饿感能促进食欲 ·········· 20

不急躁，温和而坚定 ············· 21

拒绝乏味，让吃饭有趣 ············ 21

孩子挑食怎么办 ················ 22

孩子挑食的真相 ················ 22

如何纠正孩子挑食 ·············· 23

总吃软烂食物影响语言发育 ··· 24

不利于锻炼咀嚼和吞咽能力 ········· 24

导致吐字不清晰 ················ 24

导致牙齿排列不齐 ·············· 24

良好饮食习惯的培养 ··········· 25

讲究卫生 ······················ 25

按时吃饭 ······················ 25

食不过饱，饮不过量 ··············· 25

专心吃饭 ······················ 26

细嚼慢咽，不着急 ·············· 26

不挑食，不偏食 ················ 26

餐桌礼仪从小培养 ············· 27

一日三餐推荐食谱 ············· 28

第二章
儿童成长必需的营养素

脂肪——维持生命运转 ········· 34

奶油南瓜羹 ···················· 35

维生素 A——提高视力 ········· 36

油菜猪肝泥 ···················· 37

维生素 C——抗氧化，防出血 ··· 38

西蓝花炒肉 ···················· 39

蛋白质——生命的基础 ········· 32

奶酪培根三明治 ················ 33

DHA——"脑黄金" ·············· 40

鳕鱼丸 ····························· 41

钙——有助于长高 ··············· 42

虾仁烧卖 ·························· 43

铁——让身体更强壮 ············· 44

菠菜炒猪肝 ······················ 45

锌——守护味觉 ·················· 46

胡萝卜炒牛肉 ····················· 47

膳食纤维——预防便秘·········· 48

核桃仁拌芹菜 ····················· 49

水——促进代谢 ·················· 50

海味冬瓜汤 ······················ 51

第三章
促进大脑发育的营养餐

大脑发育需要的营养素········· 54

促进孩子大脑发育的方法 ······ 55

丰富孩子童年经历 ·············· 55

多带孩子运动 ···················· 55

保证孩子睡眠充足 ·············· 55

跟我学做营养餐 ················· 56

鸡蛋炒菠菜 ······················ 56

肉末蒸蛋 ························· 57

西蓝花炒虾仁 ···················· 58

黄花菜炒肉 ······················ 59

冬瓜牛丸汤 ······················ 60

大虾炖豆腐 ······················ 61

豌豆鳕鱼块 ······················ 62

清蒸鲈鱼 ·························· 63

白斩鸡 ···························· 64

咸水鸭 ···························· 65

黑芝麻花生粥 ···················· 66

百合炒肉 ·························· 67

牛奶燕麦粥 ······················ 68

猕猴桃燕麦酸奶杯 ·············· 69

第四章
促进长高营养餐

促进孩子长高的营养素 ········· 72

促进孩子长高的方法 ··········· 73

高质量的睡眠 ················· 73

足量的体育运动 ··············· 73

适度均衡的营养 ··············· 73

定期测量孩子身高 ············· 73

跟我学做营养餐 ··············· 74

海带黄豆汤 ··················· 74

猪蹄海带汤 ··················· 75

木耳炖鸡汤 ··················· 76

秋葵炒木耳 ··················· 77

腰果西蓝花 ··················· 78

凉拌黑豆 ····················· 79

紫菜鸡蛋汤 ··················· 80

紫菜包饭 ····················· 81

山药排骨汤 ··················· 82

龙利鱼炖豆腐 ················· 83

海苔芝麻虾球 ················· 84

燕麦粥 ······················· 85

小米红枣粥 ··················· 86

花生红豆汤 ··················· 87

第五章
保护眼睛营养餐

保护眼睛的营养素 ············· 90

保护眼睛的方法 ··············· 91

限制电子产品的使用 ··········· 91

多进行户外活动 ··············· 91

陪孩子做游戏 ················· 91

定期做视力检查 ··············· 91

跟我学做营养餐 ··············· 92

莴笋炒肉片 ··················· 92

空心菜炒肉 ··················· 93

窝窝头 ······················· 94

小米发糕 ····················· 95

西红柿炒鸡蛋 ………………… 96

芸豆南瓜羹 …………………… 97

豆芽鸡丝炒面 ………………… 98

牛肉面 ………………………… 99

白灼生菜 ……………………… 100

烧带鱼 ………………………… 101

胡萝卜炒牛肉 ………………… 102

草莓燕麦牛奶杯 ……………… 103

豌豆鸡丁米饭 ………………… 104

酸奶火龙果汁 ………………… 105

第六章
呵护肠胃营养餐

呵护肠胃的营养素 ………… 108

呵护肠胃的方法 …………… 109

多吃绿色蔬菜 ………………… 109

少食多餐 ……………………… 109

饮食清淡 ……………………… 109

营造良好的就餐环境 ………… 109

跟我学做营养餐 …………… 110

豆角炒肉丝 …………………… 110

土豆炖豆角 …………………… 111

彩椒杏鲍菇 …………………… 112

杏鲍菇炒肉 …………………… 113

胡萝卜玉米汤 ………………… 114

芦笋炒西红柿 ………………… 115

山药粥 ………………………… 116

红豆饭 ………………………… 117

玉米绿豆饭 …………………… 118

薏米山药粥 …………………… 119

洋葱爆羊肉 …………………… 120

板栗焖猪蹄 …………………… 121

红薯粥 ………………………… 122

烤红薯片 ……………………… 123

第七章
增强免疫力营养餐

增强免疫力的营养素 ·········· 126

增强免疫力的方法 ·········· 127

避免过度照料 ·················· 127

均衡的营养 ······················ 127

不滥用药物 ······················ 127

有氧运动 ·························· 127

跟我学做营养餐 ·············· 128

西红柿炒菜花 ·················· 128

西红柿炖牛肉 ·················· 129

苦瓜酿肉 ·························· 130

冬瓜海带排骨汤 ·············· 131

粉蒸排骨 ·························· 132

清炒口蘑 ·························· 133

洋葱炒鸡蛋 ······················ 134

枸杞子胡萝卜鸭肝汤 ········ 135

罗宋汤 ···························· 136

菠菜猪肝粥 ······················ 137

麻酱菠菜 ·························· 138

菠菜小馒头 ······················ 139

芒果西米露 ······················ 140

木瓜炖银耳 ······················ 141

第八章
钙、铁、锌强壮骨骼营养餐

促进骨骼生长发育的营养素···144

补充矿物质的方法 ·········· 145

奶量充足 ·························· 145

合理搭配 ·························· 145

跟我学做营养餐 ·············· 146

酱牛肉 ···························· 146

牛奶红枣粥 ······················ 147

木樨肉 ················· 148

黄豆炖猪蹄 ············· 149

虾仁鸡蛋饼 ············· 150

蒸牡蛎 ················· 151

虾仁花蛤粥 ············· 152

丝瓜花蛤汤 ············· 153

芹菜炒虾仁 ············· 154

清蒸虾 ················· 155

白萝卜蛏子汤 ··········· 156

冬瓜鸭肉汤 ············· 157

小米南瓜饭 ············· 158

苹果糖水 ··············· 159

第九章
孩子食物过敏怎么吃

食物过敏是什么 ········· 162

常见的食物过敏症状 ····· 162

常见的食物过敏原 ······· 162

孩子食物过敏怎么办 ····· 163

鸡蛋过敏 ··············· 164

西红柿鱼片 ············· 164

菠菜鱼片汤 ············· 165

乳制品过敏 ············· 166

甜味豆浆 ··············· 166

虾皮炒鸡蛋 ············· 167

麸质过敏 ··············· 168

紫薯山药糕 ············· 168

炝炒土豆丝 ············· 169

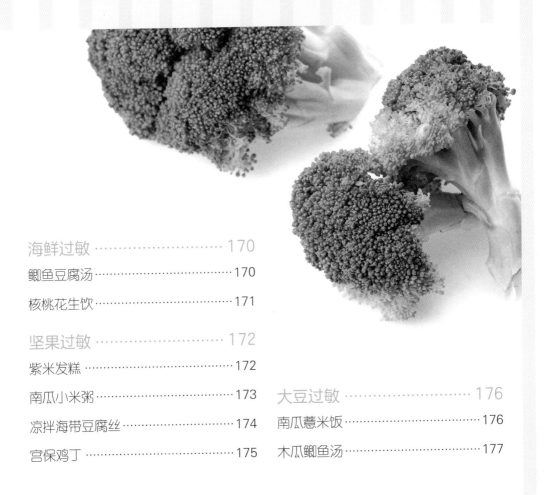

海鲜过敏 ·························· 170

鲫鱼豆腐汤 ··················170

核桃花生饮 ··················171

坚果过敏 ·························· 172

紫米发糕 ·····················172

南瓜小米粥 ··················173

凉拌海带豆腐丝 ············174

宫保鸡丁 ·····················175

大豆过敏 ·························· 176

南瓜薏米饭 ··················176

木瓜鲫鱼汤 ··················177

第十章
花样营养早餐

奶香布丁 ·····················180

鲜虾粥 ·······················181

紫薯饭团 ·····················182

鸡肉香菇面 ··················183

牛肉意面 ·····················184

鲜肉蛋饺 ·····················185

虾仁馄饨 ·····················186

鲜肉包 ·······················187

鸡蛋卷 ·······················188

牛肉馅饼 ·····················189

芦笋鸡蛋饼 ··················190

玉米发糕 ·····················191

第一章
吃得好睡得香
助力儿童健康成长

摄入充足的营养、保持规律的作息、坚持适量的运动是儿童身体强壮、少生病的重要前提。营养是儿童身体发育的基础，儿童营养摄入不均衡会导致身体发育出现各种问题。那么，孩子要怎么吃才能使营养均衡？如果孩子挑食、偏食怎么办？这几乎是每位家长都有的疑问。

好营养，好身体

儿童时期，人的身体、大脑各方面都在飞速发育。在这一阶段摄入充足均衡的营养，将为终身的健康打下坚实的基础。

身体生长迅速，营养需求量大

儿童时期，人的身高增长速度较快，能量需求较大。

正常情况下，1~2 岁时，儿童每年身长增长 10~12 厘米；2 岁以后至青春发育期前（即女孩 10 岁前、男孩 12 岁前）每年身高增长 5~7 厘米。如果在此期间每年身高增长低于 5 厘米，则表示生长速率不正常。

随着身高和体重的增长，孩子的活动范围和活动量也日益增加，其身体能量的消耗和对营养素的需求增长都很快，需要摄入更多的营养素和能量进行代谢，让身体逐渐变得高大、强壮。

例如钙、镁、钾、维生素 B_{12}、维生素 D、维生素 K、蛋白质等都是骨骼发育需要的营养素，如果身体所需的必需营养素摄入不足，将会使孩子的身高增长受限。

脑重量的变化

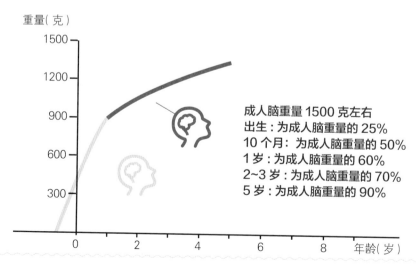

重量（克）

成人脑重量 1500 克左右
出生：为成人脑重量的 25%
10 个月：为成人脑重量的 50%
1 岁：为成人脑重量的 60%
2~3 岁：为成人脑重量的 70%
5 岁：为成人脑重量的 90%

年龄（岁）

大脑发育的关键时期，需要充足的营养

新生儿脑重 350~380 克，到了 1 岁时增加一倍多，到了 3 岁的时候，大脑重量及体积就能达到成年人大脑的 75% 了。神经元的数量以及神经纤维的长度不断增加并向皮层深入，为儿童感统发育提供物质基础。

脑科学研究发现，0~6 岁是人类大脑发育的关键期。此时儿童脑神经元突触达到最大值，如果为其提供充足的营养，辅以恰当的教育，可以使其智力获得全面的发展。

蛋白质、卵磷脂、锌、DHA 等是搭建大脑的"必需模块"。如果缺乏这些营养素，将会造成大脑学习能力下降，因此全面而均衡的膳食尤为重要。

各器官生长发育有阶段性

儿童的各器官生长发育呈明显的阶段性特征，每个阶段的发育都在上一个阶段发育的基础上进行。如果某个阶段营养摄入不足导致生长发育不达标，会直接影响下一个阶段的生长。

在 1 岁以后，大多数儿童的饮食将从以奶类为主转变为以儿童餐为主、奶类为辅。如果这时儿童的饮食仅限于几种食物，很容易导致某些营养素缺乏或不足，影响体能和智力的发展。

幼儿时期身体各器官发育的速度有明显不同，最早生长发育的是神经系统，骨骼肌肉系统、内脏系统紧随其后，到青春期生殖系统逐渐发育完善。与之对应的是，儿童各器官生长发育的不同阶段，所需营养侧重点不同，我们需根据其生长发育特点及时调整。

儿童营养不均衡的表现

体格发育迟缓

孩子的体格发育指标包括生长速度、发育水平、身体匀称度等，其中，头围、体重和身高是很重要的参考指标。孩子的生长发育会受到遗传、营养、睡眠、运动等多方面因素的影响，其中营养是非常重要的后天因素，如果孩子营养没跟上，最直接的表现就是身高、体重不够。家长如果发现孩子身高、体重发育滞后，应该及时带孩子去医院，在医生指导下调整孩子的饮食结构。

过度肥胖

以往常将肥胖笼统地视为营养过剩。最新研究表明，营养不良有三种形式，分别是营养不足、微量营养素缺乏和超重肥胖，所以很多"胖墩儿"超重的原因就是因挑食、偏食等不良饮食习惯，造成某些营养素摄入不足。这些营养素不足导致体内的脂肪不能正常代谢，只得积存于腹部与皮下，体重自然就会超标。应减少摄取高脂肪食物，增加食物品种，做到粗粮、细粮、荤食、素食合理搭配。

便秘、口臭

如果孩子偏爱甜食、荤食、油炸类等食物，且不喜欢吃蔬菜、水果，容易造成膳食纤维摄入不足，导致肠道蠕动变慢，产生便秘的问题。长期便秘会出现口臭、腹胀等症状，产生厌食心理。因此，当孩子出现便秘、口臭等问题时，应该注意多给孩子吃些新鲜蔬果及粗粮等。

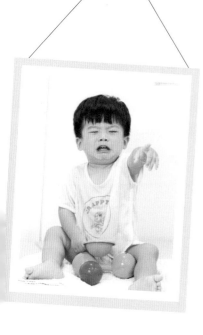

情绪变化无常

　　B族维生素有调节情绪的作用,当人体缺乏维生素 B_1 时,会变得脾气暴躁、易怒;当人体缺乏维生素 B_6 时,会导致困倦、急躁等;当人体缺乏维生素 B_{12} 时,易导致贫血。因此,当孩子情绪变得变化无常时,可能是缺乏B族维生素了。孩子营养要均衡,一定要养成不挑食、不偏食的饮食习惯。培养良好的饮食习惯,应该从添加辅食开始。

反应迟钝

　　孩子早期营养不良可能会影响大脑发育,从而导致神经功能失常,进而影响语言和运动功能发育。所以,如果发现孩子出现反应迟钝、健忘等问题时,应警惕营养不良。

体弱多病

　　如果孩子很容易生病(如感冒、牙龈炎、口角炎、角膜炎经常反复发作),则可能是免疫力较低,而造成孩子免疫力较低的原因之一就是营养不良,缺乏某些微量元素,如铁、锌、硒等。

面部 "虫斑"

　　指出现在孩子面上的一片或几片圆形或椭圆形斑片,初为淡红,后转淡白,边缘清楚,上面覆盖少量细小鳞屑,并有轻度瘙痒感。除面部外,上臂、颈部或肩部等处也可见到。

怎么吃，才能营养均衡

　　为了满足生长发育的需要，孩子一天到底需要吃哪些食物呢？我们可以参考中国营养学会 2022 年更新的《中国居民膳食指南》，来为孩子准备餐食。

读懂膳食宝塔，做到心中有数

食物	2~3 岁	4~5 岁
盐	<2 克	<3 克
烹调油	10~20 克	20~25 克
奶类	350~500 克	350~500 克
大豆（适当加工）	5~15 克	15~20 克
坚果（适当加工）	—	适量
蛋类	50 克	50 克
畜禽肉鱼	50~75 克	50~75 克
蔬菜	100~200 克	150~300 克
水果	100~200 克	150~250 克
谷类	75~125 克	100~150 克
薯类	适量	适量
水	600~700 毫升	700~800 毫升

碘盐不多不少

盐是人体获取碘的重要来源之一，日常饮食应使用碘盐。

孩子与大人饮食最重要的区别之一就是孩子的盐摄取量更少，每日最好限定在3克以内，1克盐的量大约是一颗绿豆的大小。

家长首先要养成清淡饮食的习惯，做菜尽量少油、少盐，多选择煮、蒸、炖等烹调方式。如果家长口味很难改变，就需要单独给孩子做营养餐了。

油脂不可少

脂肪是孩子生长发育过程中必不可少的营养素，发挥着维持身体热能、组成人体细胞组织、促进脂溶性维生素吸收等作用。

植物油脂含不饱和脂肪酸，比较好吸收，是儿童营养餐用油首选，大豆油、橄榄油、菜籽油等都可以。定期更换食用油的种类，有助于均衡摄入营养。

幼儿时期建议每天饮2杯奶（150~250毫升一杯）；另外还需吃适量的水产、蛋类和肉类等，保证每天蛋白质、脂肪、钙等营养素的摄入。

蔬果很重要

很多孩子不爱吃蔬菜，但是蔬菜是儿童餐食中不可缺少的食物，建议每天吃100~300克蔬菜，相当于一根黄瓜或一个大西红柿的重量。

如果孩子不爱吃蔬菜，家长可以改变一下菜的做法，比如将熟的南瓜汁浇在西蓝花上，使西蓝花带有南瓜的香甜味道，也可以将菠菜等蔬菜剁碎与肉馅一同包入饺子，使孩子逐渐接受蔬菜。

水果可以当作两餐之间的零食或加餐，经常变换水果种类有利于营养均衡。

孩子不好好吃饭，原因在父母

社交网络上，每当有妈妈晒出自己家孩子大口大口地吃饭，而且荤素不挑，将饭菜一扫而光的视频时，总有很多家长羡慕不已。其实责怪孩子不好好吃饭并没有意义，如果家长做到好好吃饭，同样可以拥有好好吃饭的"天使宝宝"。

放弃包办，让孩子自己动手

孩子比我们想象中的更能干，剥毛豆、手撕包菜、打蛋液这些事情，在孩子1岁之后就可以让他尝试参与，这样不仅可以锻炼孩子的手指精细动作能力，而且可以提高他对食物的认知与兴趣，让他更有成就感。

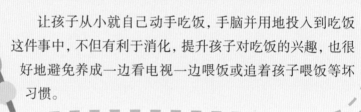

让孩子从小就自己动手吃饭，手脑并用地投入到吃饭这件事中，不但有利于消化，提升孩子对吃饭的兴趣，也很好地避免养成一边看电视一边喂饭或追着孩子喂饭等坏习惯。

适当的饥饿感能促进食欲

饥饿感是"最好的美食"，如果没有饥饿感，一个人面对再好看、再有营养的美食都没办法尽情享用。所以在饭前1~2小时最好不要让孩子吃零食；如果在做饭时，孩子说他很饿，可以给孩子提供一小块苹果以缓解饥饿感。另外，常带孩子进行体育锻炼，增加能量消耗，也有利于刺激孩子的食欲。

不急躁，温和而坚定

孩子自己吃饭的时候，难免会弄脏衣服或将饭菜打翻。看着自己辛勤劳动的成果被浪费，还增加了许多打扫和清理的工作，可能有很多家长会呵斥、责骂孩子，有时连精心给孩子做营养餐的激情也受到打击。

这时我们应该认识到，这些都是孩子成长的必经之路，我们应以温和的态度对待，耐心地指出孩子的错误所在，慢慢地引导孩子。理性地分析孩子不好好吃饭的原因，重新调整饮食。

拒绝乏味，让吃饭有趣

孩子在 1.5~3 岁时会经历一个对细微事物感兴趣的敏感期，并且这时候会对一些图形有一定的认知。比如餐具上的图案，小孩子能发现火箭的驾驶舱内坐的小熊，可能那只小熊只有一颗米粒那么大。因此，为孩子选择好看的餐具，可以提升孩子对吃饭的兴趣。

方便孩子用手指抓取的小软饼、可以用叉子叉取的彩色水饺、营养美味的鱼丸……美食里凝聚了父母对孩子的用心，有这些色、香、味俱全的营养餐加持，孩子就不会再总想吃那些含有很多添加剂的零食了。

孩子挑食怎么办

孩子挑食是个困扰很多家长的问题，挑食会导致肥胖或营养不良。那孩子挑食的原因有哪些呢？如果孩子挑食，家长可以怎么做呢？

孩子挑食的真相

孩子挑食是指在饮食过程中对某一种或几种食物较为挑剔，有的是不爱吃蔬菜，有的则是不喜欢吃肉类或豆类等。孩子挑食，往往与以下因素相关。

环境因素

家长的糟糕厨艺是导致孩子挑食的直接原因，孩子的味觉比大人的更敏感，他能感受到食物中很细微的酸、苦、臭等味道，家长在烹制过程中需要注意一些简单的技巧；如果家长缺乏科学的营养意识，长期饮食单调，也会让孩子感到厌倦。另外，吃含有添加剂较多的零食、家长有不好的饮食习惯也会对孩子造成不良影响。

身体缺乏某种元素

孩子缺锌时，味蕾受到影响，就会出现食欲不振，甚至有异食癖，如喜欢吃纸等。可以通过吃瘦肉、动物肝脏、蛋黄、牡蛎等食物来补锌；缺锌较严重的孩子则需要遵医嘱服用补锌制剂。有的孩子不喜欢吃肉，有可能是缺乏分解消化蛋白质的消化酶。

遗传因素

在胎儿时期时，孕妈妈的饮食偏好会影响孩子出生后的饮食习惯。另外，孩子的口味偏好与基因有关，比如有的人天生不喜欢吃香菜。

如何纠正孩子挑食

孩子挑食，不爱吃某些食物，就可以完全放弃这些食物吗？其实并不是这样，天然食物是人获得营养的最好来源。通过合理引导，可以慢慢调整孩子的饮食习惯，使其营养均衡。

饮食巧搭配

制作儿童营养餐时，我们只需对食材做一些小处理或者做一些搭配和变化，就能很好地吸引孩子对食物的兴趣了。

增加吃饭的乐趣

在吃饭前，可以试着跟孩子商量："你要吃西蓝花还是黄瓜呀？"给孩子一些选择的权利，让他有参与感。

在就餐时，尽量让孩子和大人一起吃饭，让孩子有尝试更多新食物的机会。家长不可以强迫、催促孩子吃饭，在饭桌上不去谈论一些会使气氛变沉重的话题。轻松的就餐环境可以提高孩子对食物的接纳度，使孩子更好地享用美食。

慎重选择零食

很多深受孩子喜欢的零食含盐、糖量较高，甚至还会添加许多食品添加剂，不仅营养价值低，还会破坏孩子的味觉敏感度，导致孩子不爱吃饭。

家长可以自己给孩子制作一些零食，也可以选择酸奶、水果、原味坚果等当作零食。另外，在购买零食时，需要关注产品信息，尽量不选择钠、糖含量较高或人工添加剂较多的零食。

总吃软烂食物影响语言发育

有的家长认为孩子小，就一直给吃软烂的食物，以致有的孩子到了三四岁还只习惯吃流食，只要一吃固体食物就干呕，其实这样做对孩子危害非常大。

不利于锻炼咀嚼和吞咽能力

人的器官有用进废退的规律，孩子的牙齿需要合理利用。孩子的牙齿从 2 颗长到 4 颗逐渐到满口牙，这期间，吃的食物也要随之从软到硬进行调整。如果长期只给孩子吃粥、软米饭和面条，或者总是把食物打碎或做得过于精细，孩子的营养摄入受限，不但影响营养均衡，还会影响孩子的咀嚼和吞咽能力。

导致吐字不清晰

孩子的语言发育迟缓，很多时候与咀嚼能力没有得到足够的锻炼有关。

孩子在吐字发音时，需要唇、舌、下腭、口腔肌肉的互相协调，人在说话和吃饭时使用肌肉群大致相同。咀嚼食物可以锻炼口腔肌肉群的灵敏度，使发音更标准。

导致牙齿排列不齐

孩子进食的咀嚼动作不仅可以锻炼咀嚼肌力量，还有助于颌骨的生长发育。颌骨发育不全直接导致牙齿排列不整齐。孩子在 6 岁左右开始更换乳牙，如果长期牙齿咀嚼不够，还会导致乳牙难以脱落，恒牙萌出后出现双排牙等现象，影响面部发育。

良好饮食习惯的培养

饮食习惯与身体健康息息相关，吃饭是每天都要进行的事情，从小养成良好的饮食习惯，将使孩子受益终身。

讲究卫生

俗话说"病从口入"，不注意饮食卫生易导致患上肠胃疾病。饭前便后要洗手、不喝生水、不吃不干净和不新鲜的食物，以及不吃他人剩下的食物，这些习惯要从小培养。

按时吃饭

三餐规律可以使肠胃有条不紊地运行，利于身体对食物营养的吸收。

儿童的胃容量比较小，但活动量比较大，能量消耗快，可以在两餐中间准备一些坚果、水果、酸奶等作为零食，同时需要控制摄入零食的量，以免影响正餐就餐时的食欲。

食不过饱，饮不过量

很多家长老是担心孩子吃不饱，不停地给孩子吃各种东西，使孩子肠胃得不到休息，这极易引起消化问题。另外，孩子过度饮食还会导致肥胖，影响身体发育。

孩子的身体有一套自己的调节机制，他们完全有能力调节食物的摄入量，只要生长发育正常、精力充沛、心情愉快，就无须太过担心孩子没吃饱。

家长也切不可有攀比心理，看到其他的同龄孩子吃得多，就要求自己孩子也吃那么多。每个孩子的胃口和身体状况不同，盲目让孩子多吃不可取。

专心吃饭

吃饭时看电视、玩玩具都会影响孩子消化系统功能。吃饭时家长也不宜责备孩子或谈论一些严肃的话题。古人也提出对孩子"七不责"的育儿经验，其中有一条就是"饮食不责"，长期在吃饭时对孩子进行说教会导致孩子脾胃虚弱。

细嚼慢咽，不着急

人的胃部吃饱到大脑感知饱的信号会有 20 分钟左右的延迟，如果孩子吃饭速度过快，很容易进食过量。另外，也容易导致进食时忽略饮食的温度和杂质，摄入烫食或不小心吃下枣核、鱼刺等尖锐物，损伤食管黏膜和胃黏膜。

孩子吃饭较慢时，家长切忌催促，如果担心饭菜在吃的过程中变凉，可以给孩子采用注水保温碗来保温。孩子表现得没有食欲时，也不应刻意延长就餐时间。

不挑食，不偏食

从小尝试不同种类食物的孩子，会有更丰富的肠道菌群，因此对外界环境的适应性更强，更不容易过敏。但是，强迫孩子去接受某种食物的做法也不可取，应该鼓励孩子多尝试，或做出表率。在孩子感到饥饿的时候，让他去尝试他平时不愿意接受的食物，也是个好办法。

餐桌礼仪从小培养

国内一位知名教育家曾经说过："孩子小时候吃饭不讲究、太自私，长大之后遇到其他事情也会习惯性地以自己为中心，不考虑他人感受，无法与其他人友好相处与合作。"这充分说明了餐桌礼仪的重要性，那么可以从小培养的餐桌礼仪有哪些呢？

2 岁：建立就餐的仪式感

吃饭时不玩玩具，不看电视；
不玩食物，区分食物、餐具与玩具；
爱惜食物，不乱扔、乱洒食物；
小脚丫不能放在餐桌上。
当妈妈往餐盘里放食物时，要说"谢谢"。

3 岁：注重个人形象

吃饭前主动要求洗手；
注意避免食物掉在餐桌上或衣服上；
骨头等食物残渣不能丢在地上，而应该放在指定位置。
咀嚼食物时尽量闭上嘴巴，以免发出声音；
不在嘴里含着食物时说话。

4 岁：在意他人感受

等长辈入座后再坐下，做客时主人坐下再就座。
不喜欢的食物可不吃，
但是不可随意对食物做出负面评价，
不说"难吃""恶心"等字词。
用餐后参与整理餐桌，清理餐具。

5 岁：适应集体生活

就餐姿势端正，身体不能趴在桌子上，
双腿并齐放于桌下。
不挑食，大人做什么吃什么。
饭后用纸巾擦嘴、洗手并漱口；
饭后提前离开时，应打招呼：
"我吃完了，你们慢吃"。

一日三餐推荐食谱

1~3 岁宝宝三餐食谱推荐一	
早餐	小米红枣粥、牛奶
加餐	蒸蛋 1 份
中餐	丝瓜虾仁、木樨肉、米饭
加餐	香蕉 1 根
晚餐	冬瓜鸭肉汤、窝窝头

1~3 岁宝宝三餐食谱推荐二	
早餐	鸡蛋卷、牛奶
加餐	苹果半个
中餐	西红柿鱼片、西蓝花炒虾仁、米饭
加餐	素菜小包子半个或 1 个
晚餐	西芹炒瘦肉、木耳烩豆腐、米饭

3~6 岁宝宝三餐食谱推荐一	
早餐	三明治、牛奶
加餐	西梅、葡萄各 5 颗，奶酪棒 1 根
中餐	豆芽排骨汤、白灼生菜、米饭
加餐	坚果 10~20 克
晚餐	莴笋炒肉、豆角焖面

3~6 岁宝宝三餐食谱推荐二	
早餐	胡萝卜小米粥、牛奶
加餐	小芒果 1 个
中餐	芹菜炒虾仁、炖带鱼、小米南瓜饭
加餐	蓝莓酸奶 1 盒
晚餐	海味冬瓜汤、豆芽肉丝炒面

第二章
儿童成长必需的营养素

儿童时期是孩子生长发育的关键时期，需要充足多样的营养素。人体中某些营养素不能通过自身合成，只能每天从食物中获得。当孩子身体出现某些症状时，很可能与缺乏相应的营养素有关。了解孩子成长必需的营养素，可以使我们在进行食材的选择和搭配时更有科学依据。

蛋白质——生命的基础

营养价值

❶蛋白质是机体细胞、组织和器官的重要组成成分，是一切生命的物质基础。而一切生命的表现形式，本质上都是蛋白质功能的体现，可以说没有蛋白质就没有生命。

❷蛋白质的基本构成单位是氨基酸，构成人体蛋白质的氨基酸有 20 种，其中 9 种为必需氨基酸，人体无法通过自身合成，必须从食物中摄取。

❸与碳水化合物和脂肪一样，蛋白质能转化为能量，为儿童提供成长所需的能量。

❹蛋白质具有调节水盐酸代谢、维持机体酸碱平衡和运输营养物质的作用。

摄入不足

会导致营养不良，主要表现有水肿、皮肤干燥、形体消瘦、抵抗力降低、生长发育迟缓等。

摄入过量

尤其是动物蛋白质摄入过多，必定伴有较多的动物脂肪及胆固醇摄入，一方面会导致孩子体重增加，形成肥胖；另一方面也会为孩子长大后患心血管疾病埋下隐患。

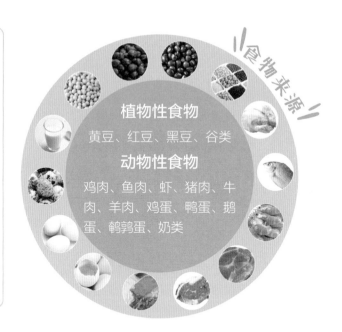

食物来源！

植物性食物
黄豆、红豆、黑豆、谷类

动物性食物
鸡肉、鱼肉、虾、猪肉、牛肉、羊肉、鸡蛋、鸭蛋、鹅蛋、鹌鹑蛋、奶类

奶酪培根三明治

原料

吐司2片，鸡蛋1个，奶酪2片，培根、黑胡椒各适量。

做法

1.油锅烧热，打入鸡蛋煎熟。2.在一片吐司上依次铺上鸡蛋、奶酪、培根，洒上黑胡椒，盖上另一片吐司，切成三角形，放入烤箱烘烤5分钟即可。

爱心提示

奶酪能量较高，多吃容易发胖，儿童应适量食用。

营养笔记

奶酪是牛奶浓缩的精华，奶酪中有丰富的蛋白质、B族维生素、钙等多种营养成分，特别适合生长发育旺盛的儿童。

脂肪——维持生命运转

营养价值

❶脂肪可以为人体供给能量。1克脂肪可释放9千卡的热量，在各类营养素中产生的能量最高，适当摄入脂肪可以调节体温、保护内脏器官，维持皮肤的生长发育。

❷脂肪是组成人体细胞的主要成分。脂肪中的磷脂和胆固醇是构成细胞膜的重要成分，脑细胞发育及运转需要大量磷脂。

❸增进食欲，促进脂溶性维生素的吸收。脂肪性食物风味更佳，适量摄入油脂可以促进维生素 A、维生素 D、维生素 E、维生素 K 等脂溶性维生素的吸收与利用。

❹增加饱腹感，脂肪在胃内消化停留的时间较长，使人不易感到饥饿。

摄入不足

人体对脂溶性维生素吸收率降低，表现为视力下降、缺钙、身体免疫力差，严重缺乏脂肪还会导致便秘、身体炎症等症状。

摄入过量

长期摄入过多脂肪，同时消耗不足，就会造成肥胖、心血管疾病等。

食物来源

植物性食物
牛油果、花生、核桃、橄榄油、花生油、香油

动物性食物
鱼肉、虾、牛肉、猪肉、羊肉、奶油、奶酪、黄油

奶油南瓜羹

原料

南瓜 100 克，淡奶油 50 毫升，纯牛奶 200 毫升，熟南瓜子、熟芝麻、白糖各适量。

做法

1.南瓜洗净，去皮，切块，上锅蒸熟。2.将熟南瓜块、淡奶油、牛奶一起放入料理机中打成泥糊状，倒入碗中加适量白糖，点缀上熟南瓜子、熟芝麻即可。

爱心提示

植物奶油中含有反式脂肪酸，不利于健康，建议选择动物性奶油。

营养笔记

动物奶油也称"淡奶油"，是从牛奶中的脂肪分离获得，富含维生素、钙等，营养价值高。为孩子选择奶油时宜选用动物奶油，避免植物奶油。

维生素A——提高视力

营养价值

❶可用于辅助治疗婴幼儿的眼部不适、弱视以及夜盲症。有利于角膜、结膜及上皮组织维持正常功能。

❷促进蛋白质在体内消化分解，并可修补受损组织，维护皮肤和表皮功能的完整。

❸促进儿童生长发育和维护生殖功能。维生素A参与软骨成骨，对长骨形成和牙齿发育有促进作用。

❹可以维持和促进免疫功能，提高免疫力，还具有抗感染作用。

摄入不足

出现夜盲症或有眼睛发干、怕光、不停眨眼等症状；皮肤干燥；头发干枯、脱屑，易脱落；指甲薄而脆；食欲下降；经常腹泻，骨骼、牙齿软化等。

摄入过量

肝脾肿大，红细胞和白细胞均减少，骨髓生长过速以及长骨变脆，易发生骨折等。

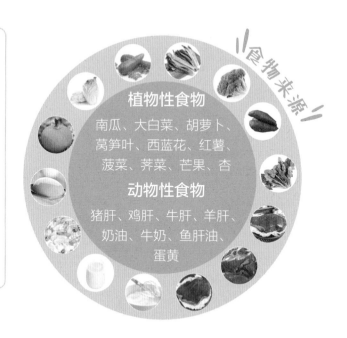

食物来源

植物性食物

南瓜、大白菜、胡萝卜、莴笋叶、西蓝花、红薯、菠菜、荠菜、芒果、杏

动物性食物

猪肝、鸡肝、牛肝、羊肝、奶油、牛奶、鱼肝油、蛋黄

油菜猪肝泥

原料

猪肝 30 克，油菜 50 克，盐适量。

做法

1. 猪肝洗净，切片；油菜洗净，用热水焯 2 分钟。
2. 将猪肝片、油菜放入搅拌机，打成泥。3. 将猪肝油菜泥放入锅中，加适量清水，用小火煮至猪肝熟烂，出锅前加盐即可。

爱心提示

猪肝中含有丰富的维生素 A，维持孩子正常生长发育。

油菜和猪肝都是补铁、补血的佳品，可以预防缺铁性贫血。

维生素C——抗氧化，防出血

❶维生素C的抗氧化性极强，可以清除体内的自由基和氧化产生的代谢产物，对免疫系统有调节作用。

❷维生素C可促进铁的消化吸收，加强血管壁，帮助身体愈合伤口，有助于强壮骨骼和牙齿。

❸维生素C又叫抗坏血酸，是一种水溶性维生素。血管壁的强度和维生素C有很大关系。当体内维生素C不足微血管容易破裂。维生素C可以减低毛细血管脆性，增加机体抵抗力。

摄入不足

易出血，伤口不易愈合；脾气大、易怒，缺乏维生素C影响骨细胞的形成；使骨骼发育受到影响。有缺铁性贫血的人缺乏维生素C会令症状更重。

摄入过量

呕吐、腹泻等中毒症状；容易导致肾结石。

食物来源

植物性食物

西红柿、黄瓜、菜花、大白菜、辣椒、橙子、橘子、柚子、猕猴桃、冬枣

西蓝花炒肉

原料

西蓝花、猪肉各 50 克，盐适量。

做法

1. 猪肉洗净，切丁；西蓝花洗净，掰成小朵，焯烫后捞出。2. 锅中放少许油，放入猪肉丁翻炒，再放入西蓝花朵炒熟。3. 出锅前加盐调味即可。

爱心提示

维生素C的主要来源为新鲜的蔬菜、水果，特别是青椒、西蓝花、柑橘等。

西蓝花对脾胃有很好的养护作用，西蓝花中的乙酰胆碱能增强孩子记忆力。

营养笔记

DHA——"脑黄金"

营养价值

❶ DHA，即二十二碳六烯酸，是大脑细胞发育的"守护神"，是儿童脑神经生长发育的一种必需物质，可以促进神经网络的形成、修复脑细胞，对儿童的学习、记忆能力有重要作用。

❷ DHA 可促进视网膜光感细胞的成熟。经临床验证，补充占总脂肪酸 0.35% 的 DHA 有助于脑部和视力功能发育，有助于提高儿童的反应能力和观察能力。

❸ DHA 对脑神经传导和突触的生长发育有着极其重要的作用。DHA 在人体中难以自身合成，在大脑、视网膜、神经组织中却大量存在。

摄入不足

影响智力发育，学习能力下降，反应迟钝，同时患神经性疾病的概率会增高。

摄入过量

影响免疫细胞的功能，会出现紫癜、易出血及伤口久不愈合的情况。

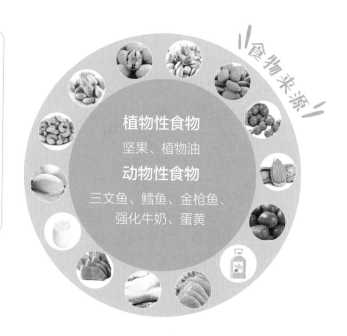

食物来源

植物性食物
坚果、植物油

动物性食物
三文鱼、鳕鱼、金枪鱼、强化牛奶、蛋黄

鳕鱼丸

原料

鳕鱼 300 克，玉米淀粉 35 克，鸡蛋 1 个，香葱末、盐、白糖、枸杞子、香油各适量。

做法

1. 鳕鱼洗净，切丁，剁成鱼泥。2. 鸡蛋分离出蛋清加入鱼泥中，混合均匀。3. 鱼泥里依次加入油、玉米淀粉、盐、白糖，用筷子顺时针搅拌上劲。4. 锅中烧开水，抓取适量鱼泥挤成丸子，依次放入水中煮至浮起，加香葱末、枸杞子、香油、盐调味即可。

爱心提示

建议儿童每周吃 1~2 次鱼特别是海鱼，可以补充 DHA，有利于大脑发育。

营养笔记

鳕鱼富含 DHA、蛋白质、锌等，且肉质细腻鲜嫩、刺少，非常适合孩子食用。

钙—有助于长高

营养价值

❶钙是儿童成长过程中所必需的重要营养素，占体重的 1%~2%。其中 99% 的钙储存于骨骼和牙齿中，是参与构成骨骼和牙齿的主要成分。钙能让软骨不断钙化、延长，使骨骼良好发育，促进长高。

❷钙在神经传导、肌肉运动、血液凝固和新陈代谢等方面也起着重要作用。

摄入不足

夜间盗汗、睡觉易惊醒、烦躁不安；儿童长牙晚、牙齿排列不齐；身高增长受限；严重缺钙可导致骨质疏松及骨软化症。

摄入过量

免疫力下降、厌食、贫血等。严重者还会导致结石、高钙血症或骨骼过早钙化闭合，影响长高。

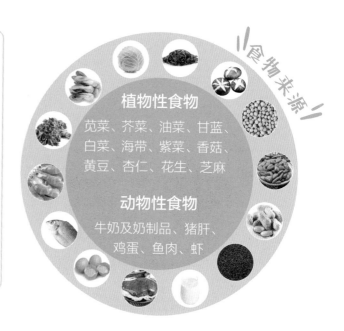

食物来源！

植物性食物

苋菜、芥菜、油菜、甘蓝、白菜、海带、紫菜、香菇、黄豆、杏仁、花生、芝麻

动物性食物

牛奶及奶制品、猪肝、鸡蛋、鱼肉、虾

虾仁烧卖

原料

馄饨皮 200 克，虾仁、胡萝卜各 50 克，玉米淀粉 10 克，姜丝、生抽、盐、鱼子各适量。

做法

1. 将虾仁用姜丝腌制 15 分钟去腥；胡萝卜洗净，切丁。2. 将虾仁、胡萝卜丁放入料理机，搅打成馅，拌入玉米淀粉、生抽和盐。3. 将馄饨皮切去四个角，中间填入馅料，捏合成烧卖，放少许鱼子装饰。4. 蒸锅上汽后，转大火蒸制 15 分钟即可。

爱心提示

在吃虾之前要将虾线去除，避免腥味太重。

营养笔记

虾中含有丰富的维生素、蛋白质以及钙、镁、磷等营养素，不仅可以补钙，而且非常易于吸收。

铁—让身体更强壮

营养价值

❶铁也是构成人体的重要元素，可以形成血红蛋白。血红蛋白携带氧气，将氧气运输到全身各组织细胞中，以维持生命。

❷铁是孩子生长发育与健康的重要营养素，有利于孩子身体、智力等方面的发育，并提高免疫力。

❸充足的铁可以使大脑氧气供应充足，可以帮助孩子保持高水平的注意力，让孩子在学习生活中更好地集中精力。

摄入不足

精神不振、烦躁不安、食欲不振等，严重者会导致缺铁性贫血，使孩子发育迟缓。

摄入过量

食欲不振、厌食、生长发育延缓，影响胃肠功能。

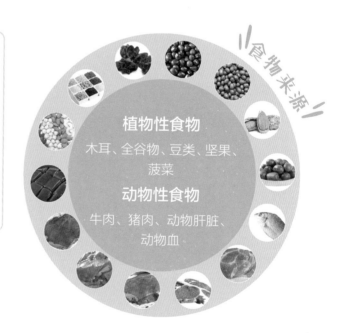

食物来源！

植物性食物
木耳、全谷物、豆类、坚果、菠菜

动物性食物
牛肉、猪肉、动物肝脏、动物血

菠菜炒猪肝

原料

猪肝 100 克，菠菜 50 克，葱末、姜末、酱油、淀粉、白糖、盐、香油、香菜段各适量。

做法

1.猪肝切成薄片，放入碗中，倒入酱油、淀粉、白糖、盐，腌制 20 分钟；菠菜洗净，切段。2.将猪肝片入沸水中焯烫，捞出。3.油锅烧热放入姜末、葱末爆香，放入猪肝片炒至变色断生，加入菠菜段继续翻炒 2 分钟，出锅前加盐调味，撒上香菜段即可。

爱心提示

猪肝的烹调时间不能太短，至少应在急火中炒 5 分钟以上。

菠菜和猪肝都是含铁丰富的补血佳品。给孩子做菜可放少许香油去腥，增添风味。

锌—守护味觉

营养价值

❶促进儿童身体生长发育，充足的锌有利于大脑发育。

❷保持正常的食欲，维护味觉功能的健全，减少孩子出现偏食、厌食的情况。

❸提高身体免疫力，参与细胞的生成与分化，促进细胞的修复。

❹促进维生素 A 的吸收，有利于维护视觉功能。对于男孩来说，锌元素是否充足会影响其第二性征的发育。

摄入不足

生长发育迟缓、智力发育受到影响；味觉迟钝、食欲不振、腹泻、经常感冒、异食癖。

摄入过量

引发呕吐、腹泻、抽搐等症状，影响其他矿物质的吸收利用。

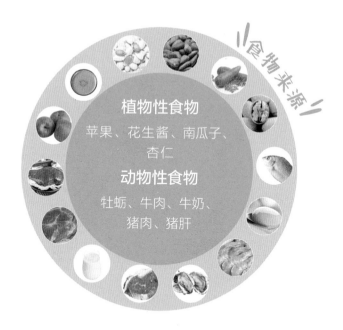

食物来源

植物性食物
苹果、花生酱、南瓜子、杏仁

动物性食物
牡蛎、牛肉、牛奶、猪肉、猪肝

胡萝卜炒牛肉

原料

胡萝卜 100 克，牛肉 50 克，盐适量。

做法

1. 牛肉切块；胡萝卜洗净，切片，放热水中焯烫。
2. 锅中倒油烧热，放入胡萝卜片炒熟，再放入牛肉块继续翻炒。3. 出锅前加盐调味即可。

爱心提示

孩子吃牛肉不易嚼烂，可以把姜汁拌入牛肉丝中，能够嫩化牛肉。

牛肉含有很高的蛋白质、氨基酸，可提高孩子免疫力，搭配胡萝卜能促进人体对营养物质的吸收。

膳食纤维——预防便秘

营养价值

❶ 可加速肠胃蠕动，使粪便变软、体积增加，预防便秘，降低结肠癌、肠易激综合征等肠道疾病的发生概率。

❷ 进食后更易使人产生饱腹感，并延缓胃排控，有助控制进食量和食欲；同时，还可以减少脂肪的吸收，降低肥胖、冠心病的发生概率。

摄入不足

导致便秘及消化系统疾病；不利于控制体重和维护心血管健康。

摄入过量

增加肠蠕动、增加产气量，易引发腹泻和肠胀气；影响其他营养素的吸收，如蛋白质、钙、铁等。

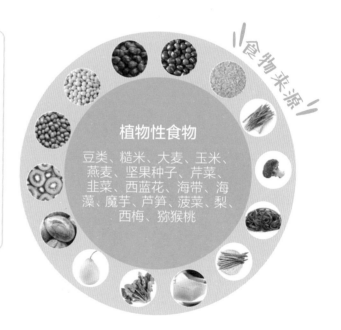

食物来源

植物性食物

豆类、糙米、大麦、玉米、燕麦、坚果种子、芹菜、韭菜、西蓝花、海带、海藻、魔芋、芦笋、菠菜、梨、西梅、猕猴桃

核桃仁拌芹菜

原料

核桃 3 个，芹菜 100 克，盐适量。

做法

1. 核桃去壳取核桃仁，切碎。2. 芹菜洗净切成小段，放在热水中焯至熟透。3. 把芹菜段和核桃碎放入碗中，放入盐拌匀即可。

爱心提示

在食用富含膳食纤维的食物后，应该注意补充水分，多运动，以加速消化代谢。

芹菜富含膳食纤维，可以缓解孩子便秘的不适感。

水——促进代谢

❶ 水具备强大的流动性，在促进人体消化吸收、血液循环及新陈代谢过程中起重要作用。

❷ 水是人体血液、消化液等体液的重要组成部分。如果摄入水分过少，会使食物的消化受到影响，导致食欲下降，血液流动性减慢，体内代谢下降，引发一系列健康问题。

❸ 水还可以调节体温，通过出汗散发能量，维持体温的相对恒定。

摄入不足

脱水，营养不良，严重缺水会损伤认知能力。可能出现便秘、尿路感染、皮肤病、心脑血管等慢性病。

摄入过量

超出人体代谢限度，引起水中毒；稀释血液浓度，导致血钠偏低；加重肾脏负担。

食物来源

日常饮食

纯净水、汤、粥、牛奶

蔬菜和水果

大白菜、西红柿、冬瓜、白萝卜、黄瓜、西瓜、梨、草莓

海味冬瓜汤

原料

冬瓜 200 克，虾皮、蒜末、姜末、葱花、香油各适量。

做法

1. 冬瓜洗净，去皮，切小块。2. 锅中放油，油热后放入蒜末、姜末爆香，放入冬瓜块翻炒。3. 锅中加水，水没过冬瓜块即可，大火焖煮 5 分钟。

4. 加入虾皮和香油调味，出锅前撒葱花即可。

爱心提示

在夏季很多孩子食欲不佳，可以喝一碗清淡的冬瓜汤。

营养笔记

冬瓜是补水佳品，做成汤食用，非常适合给不爱喝水的孩子补水。虾皮自带鲜味，所以这道菜可以少放或不放盐。

第三章
促进大脑发育的
营养餐

良好的亲子关系、丰富多彩的童年经历、适量的运动等都可以促进孩子大脑发育。另外，在膳食合理的前提下，有针对性地补充大脑发育所需的营养物质，可以为孩子大脑发育奠定良好的基础。

大脑发育需要的营养素

孩子健康聪明是每位父母的愿望。孩子是否聪明，除了遗传因素外，还与后天饮食和生活引导分不开。平时生活中，如果能给孩子提供充足的促进大脑发育所需的营养素，也可以使孩子的大脑发育得更完善。

1 每日必需

蛋白质

蛋白质是大脑发育的物质基础。生活中常见的富含蛋白质的食物有牛肉、牛奶、黑鱼、鲤鱼、核桃、杏仁等。

常喝牛奶可改善儿童的认知能力，完善大脑发育。

2 俗称"脑黄金"

DHA

DHA，学名二十二碳六烯酸，是神经细胞生长及维持的一种主要元素，占大脑总脂肪含量30%~45%，同时也可促进视网膜发育。富含DHA的食物有深海鱼、核桃、橄榄油等。

常吃深海鱼可促进儿童的神经发育，让其变得越来越聪明。

3 胆碱是基本成分

卵磷脂

卵磷脂为神经细胞的生长提供充足的原料，与人的注意力、记忆力息息相关。富含卵磷脂的食物有蛋黄、芝麻、大豆、玉米油、谷类、动物肝脏等。

常食蛋黄有助于儿童的智力发育，并且改善记忆力。

促进孩子大脑发育的方法

很多家长都关注孩子的大脑发育，那么作为父母，生活中应该做些什么才能辅助并促进孩子大脑发育呢？

丰富孩子童年经历

在生活中应注意多和孩子进行交流。孩子不会说话时，家长也不应以此为借口忽略了和孩子的交流，可以通过肢体、眼神、表情和孩子交流，这些都可以刺激孩子神经系统，促进大脑发育。而且孩子不会说话并不影响父母对他说话，即使他还不会用语言回应，也对你所说的话很感兴趣。家长在此阶段可以让孩子多聆听，增强孩子的认知。

多带孩子运动

运动能够促进大脑的发育。常带孩子晒太阳，到户外呼吸新鲜空气。孩子学会走路后还可以做一些简单的运动。每个生长阶段都有适合孩子的运动方式，家长要特别关注一下。

保证孩子睡眠充足

充足的睡眠是孩子大脑发育的基础条件，如果孩子睡眠不足，会变得特别爱哭闹，反应能力差，注意力也无法集中，影响大脑的发育。

建立良好的睡眠仪式很重要。如父母可以在睡前给孩子读一读儿童故事，放一首舒缓的音乐或者躺在他们身边陪伴他们一会儿，等孩子入睡之后再离开。帮助孩子养成固定的生物钟，睡眠就会变得规律。

跟我学做营养餐

鸡蛋炒菠菜

原料

鸡蛋 1 个，菠菜 100 克，盐、生抽各适量。

做法

1. 菠菜洗净，切小段；鸡蛋打入碗中，加盐打散。
2. 锅中放油烧热，放入鸡蛋，快速翻炒至熟。3. 放入菠菜段，待快熟时放入炒好的鸡蛋，倒入一点生抽，加适量盐即可。

爱心提示

建议每天给孩子吃 1~2 个鸡蛋。如果吃得过多，也会增加消化负担。

营养笔记

鸡蛋的蛋黄含有丰富的卵磷脂、胆固醇和卵黄素，对神经的发育有重要的作用，能够促进大脑发育、增强记忆力。

肉末蒸蛋

原料

鸡蛋 1 个，牛奶 50 毫升，里脊肉末 50 克，葱花、生抽、盐各适量。

做法

1. 里脊肉末中加入适量生抽、葱花，拌匀，腌制备用。2. 鸡蛋打入碗中，加入 50 毫升牛奶，拌匀，表面覆保鲜膜，用牙签扎几个小孔。3. 蒸锅上汽，将鸡蛋上锅蒸制 10 分钟左右。4. 热锅起油，肉末下锅炒熟，淋在蛋羹上即可。

爱心提示

开封后的牛奶尽量一次性喝完，或冷藏，不要长时间放在常温环境中，以免滋生细菌。

猪肉含丰富的蛋白质，可以保证孩子的新陈代谢正常进行；同时富含丰富的 B 族维生素，可以为孩子的神经发育提供充足的营养。

西蓝花炒虾仁

原料

虾仁 50 克，西蓝花 150 克，盐、酱油各适量。

做法

1. 虾仁清洗干净；西蓝花洗净，掰成小朵。2. 锅中放水和一点盐，将西蓝花焯烫。3. 锅中放油，油热后放入虾仁炒至变色，放西蓝花翻炒至熟，放入酱油，出锅前加盐调味即可。

爱心提示

西蓝花焯水可以去除一些草酸以及涩味。焯烫时间在30秒左右，断生即可，以免丢失大部分营养。

西蓝花含丰富的维生素K、维生素C、胡萝卜素等，能促进儿童体内的钙、铁的吸收。虾仁富含优质蛋白质、不饱和脂肪酸，有利于大脑发育。

黄花菜炒肉

原料

猪瘦肉150克，干黄花菜30克，葱丝、料酒、酱油、淀粉、盐各适量。

做法

1.干黄花菜泡发，洗净，焯烫一下，捞出沥干；猪瘦肉切丝，放入料酒、淀粉腌制15分钟。2.锅中油热后，放入葱丝、肉丝翻炒至七成熟。3.加入黄花菜继续翻炒至熟透，加酱油、盐调味即可。

爱心提示

鲜黄花菜中含有秋水仙碱，这种物质有一定毒性。通常我们食用的黄花菜是晒干后以温水泡发消除毒性后的，孩子每次不宜食用过多，以不超过50克为宜。

黄花菜富含膳食纤维、蛋白质、钙、磷、铁等多种营养素，有健脑功能，能够改善大脑功能，同时对胃也有好处。

冬瓜牛丸汤

原料

牛肉馅 100 克，冬瓜 200 克，鸡蛋清 1 个，玉米淀粉、葱花、姜末、香油、盐各适量。

做法

1.牛肉馅中加入葱花、姜末、盐和少量玉米淀粉和水，朝同一方向搅拌均匀，再放入鸡蛋清，搅拌均匀；冬瓜洗净，去皮，切片。2.锅中倒水烧至半开状态，转小火。用手把牛肉馅挤成球，放入水中。全部挤好后，轻轻搅拌锅里的丸子，下入冬瓜片一同煮。3.丸子浮起后，放入适量盐和香油即可。

爱心提示

牛肉比较难以消化，建议让孩子在中午食用，睡前最好不要吃太多牛肉。

牛肉含丰富的蛋白质、维生素 B_6，可以增强身体免疫力。同时牛肉是肉类中脂肪含量较低的，常食有助于补充气力。冬瓜是补充维生素、补水的佳品。

大虾炖豆腐

原料

大虾、豆腐各 100 克，葱末、姜末、高汤、淀粉、香油、盐各适量。

做法

1. 大虾洗净；豆腐洗净，切块。2. 锅内加少许油烧热，下葱末、姜末炒香，倒入虾，煸炒至变色。

3. 加入高汤，倒入豆腐块，加少许盐，加盖用大火烧开。4. 转小火，并用水淀粉勾芡，淋入香油，盛入碗中即可。

爱心提示

豆腐一次不能吃太多，吃太多会引起蛋白质摄入过多，造成消化负担。

营养笔记

虾含优质的蛋白质、钙、镁等营养素，对儿童的大脑发育、骨骼发育都有利。

豌豆鳕鱼块

原料

豌豆 100 克，鳕鱼 200 克，姜片、料酒、酱油、盐各适量。

做法

1. 鳕鱼洗净，去皮，去骨，切丁；豌豆洗净。2. 用姜片把鳕鱼丁腌制 30 分钟。3. 锅中放油，放入鳕鱼丁煎至微黄，倒入豌豆煸炒至熟透。4. 倒入料酒、酱油，最后放入盐调味即可。

爱心提示

有种油鱼，叫龙鳕鱼，实际和鳕鱼没有关系，家长很容易混淆，在给孩子选用鳕鱼时，一定要注意分辨。

鳕鱼含有丰富的蛋白质、维生素 A、维生素 D、钙、镁、硒等营养素，其 DHA 含量是淡水鱼的数倍，非常有益于孩子生长发育。豌豆富含大豆卵磷脂，也对大脑发育有利。

清蒸鲈鱼

原料

新鲜鲈鱼 1 条，姜片、葱丝、盐、蒸鱼豉油各适量。

做法

1. 将鲈鱼收拾干净，鱼身划斜刀，涂适量盐。2. 鱼身上放上姜片，蒸锅倒入清水，水开后将鱼放入，大火蒸熟。3. 取出鱼，将姜片移走，放入葱丝。另取锅热油，油热后浇在鱼身上，再淋上蒸鱼豉油即可。

爱心提示

鲈鱼最适合清蒸，不宜用过于抢味的调料或食材烹调。

鲈鱼含有丰富的蛋白质、维生素和矿物质、DHA。而且鲈鱼刺少，清蒸后，其蒜瓣肉非常适合孩子食用。

白斩鸡

原料

鸡半只，姜片、葱结、蒜末、生抽、盐、香油各适量。

做法

1.鸡洗净，放入锅中，加入清水，淹没鸡身，再放入姜片、葱结、盐。大火煮熟后，转小火煮30分钟。2.将鸡捞出后，放入冷水中浸泡5分钟，捞出切块，装盘。3.将生抽、蒜末、香油混合成料汁，蘸食即可。

爱心提示

给孩子做菜使用的生抽，宜选用含钠少的品种，避免摄入太多钠。

营养笔记

鸡肉含有丰富的蛋白质及B族维生素，可以强壮身体，促进孩子的生长发育，还含有磷脂、亚油酸及亚麻酸，在改善大脑功能、促进智力发育方面也有较好作用。

咸水鸭

原料

鸭腿肉 250 克，盐、姜片、大料、葱段各适量。

做法

1. 将鸭肉洗净，控干水分。2. 锅热加盐、葱段、姜片翻炒，炒至盐微微发黄后盛出。3. 将炒好的调料撒在鸭肉上，涂抹均匀后放冰箱腌制 8 时。4. 将腌好的鸭肉用清水冲洗干净。再准备一大锅清水，放入葱段、姜片、大料，放入鸭肉，大火烧开，转小火煮 1 小时，捞出后切段即可。

爱心提示

儿童不宜摄入过多的盐分，这道菜可以适量少放些盐。

鸭肉属于高蛋白、低脂肉类。此外，鸭还含有较丰富的烟酸、硒等，有助于神经系统发育。

黑芝麻花生粥

原料

大米 50 克，黑芝麻、花生米各适量。

做法

1.黑芝麻、花生米放一起淘洗干净；将黑芝麻放入烤箱，150℃烤 10 分钟。2.将大米、花生米放在砂锅中，加适量水，大火烧开后转小火继续熬煮 1 小时，出锅前撒入黑芝麻即可。

爱心提示

如果孩子不爱吃花生，可以将花生和黑芝麻一起烤熟，碾成碎放入粥中，既美味可口，又富含营养。

花生含有丰富的磷脂，经常食用花生可以改善血液循环、增强记忆能力。黑芝麻中含有不饱和脂肪酸，也有健脑益智、抗氧化的作用。

百合炒肉

原料

新鲜百合 100 克，猪肉 50 克，酱油、料酒、盐各适量。

做法

1.百合掰开，洗净；猪肉洗净，切片。2.油锅烧热，放入肉片翻炒，倒入少量料酒、酱油。3.倒入百合，大火翻炒至百合微微透亮，出锅前加盐即可。

营养笔记

猪肉能为身体提供优质蛋白质和必需脂肪酸。猪肉提供的血红素（有机铁）和促进铁吸收的半胱氨酸，能改善缺铁性贫血。

牛奶燕麦粥

原料

牛奶 250 毫升，燕麦片 25 克，白糖适量。

做法

1. 牛奶倒入锅中，加入燕麦片。2. 小火煮至牛奶微沸，搅动牛奶燕麦，出锅前加适量白糖即可。

爱心提示

牛奶不要煮沸过久。这会破坏牛奶中的维生素，降低牛奶的营养价值。

燕麦富含 B 族维生素，能促进糖代谢，保证大脑能量供给，使大脑反应快、思维清晰。牛奶富含优质蛋白质，可为大脑智能活动提供必需物质。

猕猴桃燕麦酸奶杯

原料

猕猴桃 100 克，酸奶 100 毫升，芒果、燕麦各适量。

做法

1.猕猴桃洗净，去皮，部分切整片，部分切小块；整片猕猴桃放入杯中，紧贴杯身。芒果洗净，去皮，去核，切小块。2.燕麦放入碗中，加适量开水，使燕麦软化至浓稠，放凉后倒入酸奶，搅拌均匀。3.将酸奶燕麦倒入杯中，加入猕猴桃块、芒果块即可。

爱心提示

可以在孩子1岁以后给他尝试喝少量酸奶。过早饮用酸奶不利于孩子的肠胃健康。

营养笔记

水果含丰富的维生素和碳水化合物，可改善大脑功能，使孩子精力充沛。酸奶中含有丰富的钙、蛋白质。酸奶和水果搭配食用，营养结构合理，营养更全面。

第四章
促进长高营养餐

　　儿童时期是人一生中身高增长的关键时期之一，孩子长高长壮是每个家长的愿望，身高还是生长发育的重要指标之一。儿童身高的增长需要身体各部位获得全面的营养，一些有助于身高增长的关键营养素则需要通过家长精心准备的营养餐获取。

促进孩子长高的营养素

孩子长高的意义不仅在于成年后拥有挺拔、好看的外形，更重要的是身高是生长发育的重要指标之一。孩子长高的 3 个条件分别是充足的营养、大脑分泌旺盛的生长激素及骨骺线未闭合。

1 也叫无机盐

矿物质

钙、磷、镁等矿物质是构成人体骨骼最基础的营养素。富含矿物质的食物有肉类、蔬菜、水果、豆类、坚果、水产等。

黑豆含丰富的钙、蛋白质。

2 维持生命的营养素

维生素

维生素对人体细胞的增殖和生长起主要作用。维生素 D 能调节钙、磷代谢，促进钙、磷的吸收，使骨骼正常生长。富含维生素的食物有水果、蔬菜、坚果、动物肝脏等。

苹果含有丰富的维生素 C，可以促进铁的吸收。

3 储存和供给能量

脂类和脂肪酸

卵磷脂能为神经细胞的生长提供充足的原料，与人的注意力、记忆力息息相关。富含卵磷脂的食物有蛋黄、芝麻、大豆、玉米油、谷类、动物肝脏等。

瘦肉能快速地为人体提供营养。

促进孩子长高的方法

传统观念里，促进身高增长的方法就是补钙，充足的钙固然是身高增长的重要条件，但不是全部。在身高增长中起主导作用的因素是生长激素。在生活中，应注意睡眠充足、营养均衡、运动得当、心情舒畅等。

足量的体育运动

1 岁以上儿童应保证每天户外运动时间在 2~3 小时。运动能促进血液循环，加快新陈代谢，使骨骼组织供血增加，有利于软骨细胞的发育，使骨骼生长旺盛。

孩子在户外时，能得到较长时间的阳光照射，可以促进机体对维生素 D 的吸收，有利于钙的吸收。

高质量的睡眠

人在睡着 1 小时后，生长激素的分泌达到高峰。孩子长期晚睡、睡眠不足都会影响生长激素的分泌，导致身高增长受限。

适度均衡的营养

营养不足会导致孩子生长发育受限，但是营养过剩或不均衡同样会影响生长发育。如果吃太多，身体的消化器官得不到休息，将不利于生长激素的分泌。适度均衡的营养可以促进生长激素的分泌。

儿童在不同的发育阶段，身高的增长速度有所不同。定期准确地测量孩子的身高、体重，并做记录，绘制身高、体重生长曲线图，这样可以更直观地看到孩子的生长发育状况。

跟我学做营养餐

海带黄豆汤

原料

鲜海带 100 克，黄豆 30 克，彩椒、盐各适量。

做法

1.海带洗净，切丝；黄豆用水泡 8 小时，彩椒洗净，切丁。2.锅中水烧开，将海带丝与黄豆一同放入，炖至黄豆熟透。3.加彩椒丁煮 5 分钟，出锅前加入盐调味即可。

爱心提示

黄豆易产气，造成腹胀，因此消化功能不良的孩子不宜多吃。

营养笔记

黄豆含有丰富的蛋白质，含钙量也很高，有助于骨骼发育。与海带同煮，更增添鲜味，深受孩子喜爱。

猪蹄海带汤

原料

猪蹄 200 克，干海带 80 克，姜片、葱段、葱花、料酒、盐各适量。

做法

1. 海带泡好，洗净，切丝。猪蹄洗净，切块。2. 锅中放适量水，放入猪蹄块、葱段、姜片、料酒，煮至沸腾，撇掉浮沫。3. 将猪蹄块捞出来，冷水冲洗后放入锅中，加入海带丝、姜片，注入热水，放适量盐，大火煮开后转小火炖 90 分钟，出锅前撒葱花即可。

爱心提示

干海带上通常有厚厚的盐和沙土，一般需要多次换水，浸泡再烹制。

猪蹄中含有较多的蛋白质、脂肪、磷、镁等，可以为儿童生长发育提供能量；海带含有一定的钙，可以强健骨骼、促进生长。

木耳炖鸡汤

原料

鸡腿 200 克，干木耳、莲子、枸杞子、姜片、盐各适量。

做法

1. 鸡腿洗净；木耳泡发；莲子泡 4 小时。2. 锅中倒水烧热，放入鸡腿焯一下，盛出。3. 将鸡腿放入炖锅中，加入姜片、枸杞子、木耳、莲子和水，炖 2 小时。4. 出锅前加盐调味即可。

爱心提示

木耳富含膳食纤维，对改善便秘有益。

木耳含有丰富的蛋白质、铁、钙、维生素、膳食纤维，能为孩子身高发育提供丰富的营养。

秋葵炒木耳

原料

秋葵 150 克，干木耳 10 克，熟红豆、熟玉米粒、盐各适量。

做法

1. 木耳泡发后洗净；秋葵洗净，切段。2. 起油锅，倒入秋葵段、木耳大火翻炒，加入一点儿水。3. 倒入煮熟红豆和玉米粒，炒到汤汁收干，加入盐调味即可。

爱心提示

秋葵属于性寒凉蔬菜，脾胃虚寒的孩子不能多吃。

木耳中含有丰富的植物胶质和木耳多糖，可以吸附体内杂质，有利于促进代谢和发育。秋葵中也富含植物多糖等，有助于调节体质。

腰果西蓝花

原料

西蓝花 150 克，腰果 20 克，蒜末、盐各适量。

做法

1. 西蓝花洗净，掰成小朵，放入沸水中焯烫。2. 油锅烧热，放入蒜末爆香，再放入西蓝花翻炒。3. 待西蓝花炒熟后放入腰果，翻炒 1 分钟，出锅前加适量盐调味即可。

爱心提示

腰果含油脂比较多，每日摄入 20 克左右为宜，不宜多吃。

营养笔记

腰果含不饱和脂肪酸、维生素 E 和锰、钾、钙、铁等营养素，有利于增强人体抵抗力，对生长发育有利。

凉拌黑豆

原料

黑豆 100 克，芹菜、彩椒各 50 克，大料、花椒、肉桂、陈皮、白芝麻、盐、香油各适量。

做法

1.黑豆洗净，浸泡 8 小时；芹菜、彩椒分别洗净，切丁。2.锅中放水，放入盐、大料、花椒、肉桂、陈皮煮开，放入黑豆，中火焖煮 30 分钟。关火后，黑豆放在锅里闷 2 小时捞出。3.芹菜丁、彩椒丁放入沸水中焯烫，捞出后和黑豆装盘，加少许盐、香油、白芝麻拌匀即可。

爱心提示

孩子消化功能较弱，不宜一次食用太多黑豆，以免引起消化不良。

营养笔记

黑豆含有丰富的蛋白质、胡萝卜素、维生素 B_1、维生素 B_2、烟酸及钙、铁等营养素，有助于促进孩子的生长发育。

紫菜鸡蛋汤

原料

鸡蛋1个，芹菜丁、紫菜、虾仁、葱花、盐、香油各适量。

做法

1. 鸡蛋在碗中打散；虾仁洗净，放入鸡蛋液中，搅拌均匀。2. 锅里倒入清水，待水煮沸后倒入鸡蛋虾仁液，搅散。3. 放入芹菜丁、紫菜，中火继续煮3分钟。4. 出锅前放入盐、葱花调味，淋入适量香油即可。

爱心提示

加入少量香油，有助于去蛋腥味。同时对有便秘症状的孩子有缓解便秘作用。

紫菜的含钙量高，生长旺盛期的孩子对钙的需求量多，常吃紫菜有助于补钙。紫菜可以拌饭、做汤等。

紫菜包饭

原料

米饭 150 克，蟹棒 1 根，鸡蛋 2 个，黄萝卜 1 根，黄瓜半根，紫菜、盐各适量。

做法

1. 鸡蛋打散，加盐搅匀，煎熟后切条；黄瓜去皮切条。2. 铺好竹帘，放一张紫菜，均匀地铺上米饭，米饭上依次放入蟹棒、鸡蛋条、黄瓜条、黄萝卜条。3. 用竹帘轻轻卷起，包住食材并压紧，切段即可。

爱心提示

添加的蔬菜也可以更换成彩椒、玉米粒等，使营养更丰富。

紫菜不但富含钙，还富含碘，适量食用有助于孩子骨骼发育以及大脑发育。

山药排骨汤

原料

排骨 200 克，山药 100 克，姜片、盐各适量。

做法

1.排骨洗净，切段；山药洗净，去皮，切块。2.排骨段放入锅中，加适量水，焯去血水，捞出。3.排骨段放入砂锅中，再放入山药块、姜片，加适量清水，开锅后再煲 1.5 小时，出锅前加盐即可。

爱心提示

山药有收涩功效，如果孩子本身有大便干燥问题暂时先不要给孩子食用。

山药含碳水化合物、蛋白质、脂肪、维生素等多种营养素，而且中医认为山药是药食两用的健脾胃佳品，孩子脾胃好，营养吸收就好，有利于生长发育。

龙利鱼炖豆腐

原料

龙利鱼 100 克，豆腐 120 克，姜丝 10 克，葱花、盐各适量。

做法

1. 龙利鱼洗净，切段，加姜丝腌制 20 分钟。2. 豆腐洗净，切块。3. 锅中放油，油热后放入姜丝和葱花爆香。4. 放入腌好的龙利鱼块煎至两面金黄。
5. 加入豆腐块和清水，清水没过龙利鱼块，大火烧开，转小火炖煮 15 分钟，加少许盐调味即可。

爱心提示

龙利鱼肉少刺、肉质软嫩，蛋白质含量丰富且能量低，非常适合孩子食用。

营养笔记

龙利鱼含丰富的蛋白质、钙、钾、磷等营养素。龙利鱼含优质不饱和脂肪酸，非常易于消化吸收，有助于孩子长高长壮。

海苔芝麻虾球

原料

牛肉、虾仁各 100 克，海苔、熟芝麻、肉松各适量。

做法

1. 虾仁洗净，去虾线；牛肉用搅拌机打成肉泥；海苔切碎。2. 用牛肉泥包裹虾仁，团成虾球，上锅蒸熟。3. 将肉松、熟芝麻、海苔碎混合，将虾球裹满即可。

爱心提示

为孩子选择海苔、肉松时宜选用钠含量较低、人工添加剂较少的产品。

海苔富含碘、钙、铁、磷、锌、锰、铜等营养素，可以为孩子提供生长发育所需的营养。

燕麦粥

原料

燕麦 30 克，大米 40 克。

做法

1.燕麦、大米淘洗干净，用清水浸泡30分钟。2.锅中倒入清水，倒入燕麦和大米，大火煮沸后转小火继续煮至米熟烂即可。

爱心提示

孩子1岁以后就可以适当吃些全麦食品，既可以补充矿物质营养，还可以锻炼咀嚼能力。

燕麦富含植物蛋白、维生素 B_1、维生素 B_2、膳食纤维、矿物质等营养素，可以为骨骼发育提供充足的营养。

小米红枣粥

原料

小米 50 克，红豆 30 克，红枣适量。

做法

1.红豆洗净，用水浸泡 8 小时；小米淘洗干净；红枣洗净。2.锅中倒入适量清水烧开，加红豆煮至半熟，再放入洗净的小米、红枣，煮至烂熟成粥即可。

爱心提示

红枣皮容易卡到小宝宝喉咙，给小宝宝吃，可以提前将红枣浸泡去皮再煮。

小米易于消化，具有和胃温中的效果，搭配红豆、红枣，具有滋补作用，可作为日常粥品食用。

花生红豆汤

原料

红豆、花生米各 30 克。

做法

1. 红豆、花生米分别洗净。2. 将红豆、花生米加水，大火烧开后，转小火熬煮 30 分钟即可。

爱心提示

孩子吃整颗花生时易发生呛咳，对于吞咽能力不足的小宝宝，可以将花生煮软后用勺子碾碎。

营养笔记

花生含有较多不饱和脂肪酸和镁，有提高记忆力的效果。红豆含有膳食纤维和多种维生素，也含有较丰富的铁，尤其适合体质虚弱的孩子食用。

第五章
保护眼睛
营养餐

如今，人们用眼的地方越来越多，有近视、散光等问题的儿童越来越多，幼年时期的视力伤害往往不可逆转，会严重影响成年后的学习、工作。保护视力，除了需要控制孩子使用电子产品时间，多进行户外活动等以外，还需多摄入一些对视力有益的营养素。

保护眼睛的营养素

孩子在日常饮食中多补充人体所需要的营养素，对眼睛的护理有益。在保护眼睛的同时也要注意合理用眼，不要长时间在阳光过强或者过暗的环境下看书、写字。

1
清除自由基

叶黄素

人的视网膜黄斑上存在着大量的叶黄素，叶黄素可以吸收进入眼睛内的光线，减少对眼睛的伤害。橙黄色及深绿色蔬菜中叶黄素含量较多，如彩椒、菠菜、西蓝花、南瓜、玉米、鸡蛋等。

猕猴桃含有较多的叶黄素，可以帮助眼睛过滤蓝光。

2
角膜发育和代谢的必要物质

维生素 A

维生素 A 有助于维持体内细胞的生长与分化，参与合成视紫红质，提升在暗时看清物体的能力。富含维生素 A 的食物有动物肝脏、蛋类、奶类等。

猪肝的维生素 A 含量较高，经常食用可以提高暗视力。

3
有助于维护视力

维生素 C

维生素 C 是眼球晶状体所需的重要营养成分，适量多吃富含维生素 C 的食物，有助于维护视力，预防眼底疾病。富含维生素 C 的食物有大白菜、韭菜、彩椒、柑橘、猕猴桃等。

彩椒的维生素 C 含量丰富，非常适合孩子食用。

保护眼睛的方法

　　婴幼儿时期是视力发育的关键时期，视功能发育基本在 5 岁左右完成。孩子若从小不注意保护眼睛，就有可能造成视力发育不良，发生在童年时期的视力伤害往往不可逆转，直接影响其今后的学习和生活。

限制电子产品的使用

　　长时间接触手机、平板电脑、电视等电子产品会严重损坏婴幼儿的视力。孩子在 1 岁以前最好禁止看电子屏幕；5 岁以前最好不要长时间看电子屏幕，家长应严格控制孩子看电视、手机等距离及时间。有研究显示，常吃甜食也可能导致近视。

多进行户外活动

　　当孩子在户外活动时，能接触到阳光和新鲜空气，心情更舒畅，能有效抑制眼轴的增长，预防近视。平时可以带孩子去户外骑平衡车、自行车等，也可以玩飞盘、荡秋千、打羽毛球等，以促进视力发育。

陪孩子做游戏

　　家长可以给孩子看简单的图画卡，1 岁以后就可以给孩子读绘本、讲故事了。孩子通过观察色彩丰富的图像，激发其想象力。家长还可以鼓励孩子自由画画、搭积木、组装拼图等，通过良性的视觉感知培养手眼协调能力。

定期做视力检查

　　6 岁以下的孩子，用周岁年龄乘以 0.2，得出的结果就是孩子的参考视力。定期测量孩子视力，有助于及时发现孩子弱视、斜视等问题。儿童视力问题最佳治愈期是在 6 岁前，如果错过了这个时间，后期治愈的概率将大大降低。

跟我学做营养餐

莴笋炒肉片

原料

莴笋 150 克，猪瘦肉 50 克，淀粉、盐各适量。

做法

1. 莴笋洗净，去皮，切薄片；猪瘦肉洗净，切片，放入碗中，加入淀粉、盐、少量水腌制 5 分钟。2. 油锅烧热，下肉片翻炒，再放入莴笋片翻炒至断生，出锅前加适量盐调味即可。

爱心提示

莴笋叶不要扔，其富含人体所需的维生素 C 和维生素 K 等营养素，可以焯水后食用。

莴笋吃起来口感爽脆，味道清新，而且富含多种维生素和钙、钾等矿物质，对儿童视力发育有利。

空心菜炒肉

原料

空心菜 150 克，猪瘦肉 50 克，盐适量。

做法

1. 空心菜的菜秆、菜叶分开择洗干净；猪瘦肉切片。

2. 油锅烧热，放入肉片炒至变色。3. 放入空心菜秆，大火翻炒，倒入少许水，最后放入空心菜叶翻炒几下，出锅前加盐调味即可。

爱心提示

洗空心菜时，最好是洗完再切，如果切了再洗，易导致大量维生素随水流失。

营养笔记

孩子常吃空心菜，可以补充维生素 C，它可以保护眼睛晶状体的蛋白质和其他成分，保护眼球微血管，避免紫外线的损害。

窝窝头

原料

玉米面（黄）150克，黄豆面100克，酵母粉适量。

做法

1. 将所有食材混合，加入温水，边加边搅动，直至和成软硬适中的面团。2. 取一小块面团，揉成球状，套在拇指指尖上，用另一只手配合着将面团顺着手指推开，揉成圆锥形后，轻轻取下即可。
3. 把窝窝头放入蒸锅中蒸熟即可。

爱心提示

如果孩子不爱吃窝窝头，可以在窝窝头里加入蔬菜末或肉末，增加食物的风味。

营养笔记

玉米富含的叶黄素和玉米黄质具备很强的抗氧化作用，有助于保护视力。黄豆含有维生素E、钙，可缓解视疲劳。

小米发糕

原料

面粉、小米面各 100 克，鸡蛋 1 个，干酵母、红枣各适量。

做法

1.干酵母用温水化开，静置 5 分钟；红枣去核，切小块。2.将面粉、小米面、鸡蛋、酵母水和适量的水混合和成面糊状，均匀地摊入模具中。3.表面撒上红枣块，上蒸锅蒸熟即可。

爱心提示

在日常食用的精白米面中，适当加入一些杂粮，有利于孩子营养均衡。

小米中含丰富的淀粉、维生素、蛋白质及多种矿物质，有助于孩子视力发育，可预防眼部疾病。

西红柿炒鸡蛋

原料

西红柿 200 克，鸡蛋 2 个，葱花、盐各适量。

做法

1.西红柿洗净，切块；鸡蛋在碗中打散。2.油锅烧热，放入鸡蛋翻炒成散块，盛出。3.另起油锅，放入西红柿块翻炒，出锅前放入鸡蛋，加适量葱花、盐即可。

爱心提示

适当食用西红柿能促进胃酸分泌，帮助消化。

西红柿中富含番茄红素、维生素 C，可抗氧化、缓解视疲劳，从而起到保护眼睛的作用。

芸豆南瓜羹

原料

芸豆 50 克，南瓜 200 克，香油适量。

做法

1.南瓜洗净，去皮去瓤，上锅隔水蒸 10 分钟。2.芸豆洗净后在开水锅中煮熟。3.将南瓜和芸豆放入锅中，加一点儿水，将它们捣碎，小火煮成羹状，淋少许香油即可。

爱心提示

南瓜是一种高钙、高钾、低钠食物，特别适合正在长身体的孩子食用。芸豆富含 B 族维生素，可以保护眼睛，缓解疲劳。

南瓜中含有丰富的维生素 E、胡萝卜素，这些营养素有助于保护孩子视力，预防眼疾。

豆芽鸡丝炒面

原料

面条 80 克，鸡胸肉 50 克，黄豆芽 30 克，葱花、淀粉、酱油、料酒、盐各适量。

做法

1.鸡胸肉洗净，切丝，放入盐、淀粉、料酒拌匀，腌制 10 分钟；黄豆芽洗净，焯烫。2.锅中水烧开，下入面条煮熟，捞出后过凉。3.油锅烧热，放入鸡丝翻炒，再放入黄豆芽、鸡丝，倒入酱油、盐调味，出锅前撒上葱花即可。

爱心提示

挑选黄豆芽时，宜选用自然培育的豆芽，特点是根须发育良好，无烂根、烂尖，而用化学制剂浸泡过的黄豆芽，呈现根短、少根或无根的特点。

营养笔记

黄豆芽中含有胡萝卜素、维生素 B_1 和维生素 B_2 等，这些维生素对眼睛很有益处，可以预防眼睛干燥、结膜充血等眼部不适。

牛肉面

原料

牛肉 150 克,油菜 30 克、面条 100 克,蒜末、姜片、老抽、生抽、大料、花椒、桂皮、香叶、盐各适量。

做法

1. 油菜洗净;牛肉切块,冷水下锅焯烫。焯好的牛肉用热水清洗,沥水。2. 油锅烧热,放入蒜末、姜片爆香,放入牛肉块翻炒,加适量老抽上色,再放入生抽调味。3. 将牛肉块移至砂锅,加适量水,放入大料、桂皮、香叶、花椒、盐,炖 4 小时。4. 锅烧热水,放入面条、油菜煮熟,捞出,放入牛肉汤,加入牛肉块即可。

爱心提示

牛肉比较难咀嚼,给咀嚼力不足的小宝宝吃,可以将熟牛肉切碎或碾碎再拌入面条中。

营养笔记

牛肉含有优质蛋白质、维生素 B_6、钙、铁、钾、锌等营养素。适量食用可以有效提高身体抵抗力,也有助于保护眼睛。

白灼生菜

原料

圆生菜 200 克，蒜末、生抽、盐各适量。

做法

1.圆生菜将叶子剥下，洗净，放到加入盐的沸水中焯一下，捞出，沥干，放入盘中。2.锅中倒入油烧至六成热，加入生抽、蒜末爆香，浇到圆生菜上即可。

爱心提示

将圆生菜焯水时，焯烫的时间不要太久，否则会导致维生素流失，也影响口感。

圆生菜含有维生素 C、叶绿素、胡萝卜素等营养素，经常食用有助于保护眼睛，缓解眼睛干涩与疲劳。

烧带鱼

原料

带鱼 1 条，蒜瓣、生抽、白糖、盐各适量。

做法

1. 带鱼洗净，切段。2. 锅中放油烧到七成热，把带鱼段放入，小火煎到两面金黄，盛出。3. 锅中留底油，下入蒜瓣爆香。4. 下入带鱼段，调入生抽、白糖、盐，加入适量水，盖上盖，烧至汤汁收干即可。

爱心提示

给小宝宝吃带鱼时，一定要去尽鱼刺，取鱼肉。

带鱼含不饱和脂肪酸，有利于脑部发育。带鱼还含有丰富的维生素A，可保护孩子视力，缓解视疲劳。

胡萝卜炒牛肉

原料

牛肉60克，胡萝卜150克，胡椒粉、淀粉、酱油、姜末、葱末、蒜末、盐各适量。

做法

1. 牛肉洗净，切条后加胡椒粉、淀粉、酱油抓匀腌制。胡萝卜洗净，切丝。2. 锅中热油，爆香蒜末和姜末，放牛肉条翻炒至变色，再加入胡萝卜丝炒软，出锅前加盐、葱末调味即可。

爱心提示

胡萝卜中的胡萝卜素是脂溶性的，最好搭配肉类一起食用，利于吸收。

胡萝卜炒牛肉营养丰富。胡萝卜含胡萝卜素，在人体内可以转化成维生素A，有助于提升视力。牛肉含有优质蛋白质和丰富的矿物质，强身健体，同时对眼睛也有好处。

草莓燕麦牛奶杯

原料

燕麦片30克，草莓50克，牛奶200毫升。

做法

1.草莓洗净，切丁。2.牛奶倒入锅中，小火煮开。
3.燕麦片倒入杯中，再倒入牛奶，放入草莓丁，搅拌均匀即可。

爱心提示

草莓可以换成草莓干，或其他莓类，有助于补充胡萝卜素、维生素C等营养成分，具有明目作用。

草莓中含有丰富的胡萝卜素、维生素C、花青素等，对孩子的视力非常有帮助。

豌豆鸡丁米饭

原料

豌豆 30 克，鸡胸肉 60 克，大米 50 克，盐适量。

做法

1.豌豆洗净，焯熟沥干；鸡胸肉煮熟，切丁。2.热锅烧油，放豌豆和鸡丁炒熟。3.大米加适量清水放入电饭锅，煮成米饭，将炒好的豌豆和鸡丁倒入电饭锅中，加少许盐拌匀即可出锅。

爱心提示

炒鸡肉不易把握好火候，可以事先将鸡肉拌水淀粉再炒，能令鸡肉更滑嫩。

豌豆含有大量的胡萝卜素、叶黄素，有助于保护孩子视力。

酸奶火龙果汁

原料

火龙果 300 克，酸奶 200 毫升，柠檬适量。

做法

1.火龙果去皮，切块；柠檬去皮除子，切丁。2.将柠檬丁、火龙果块、酸奶倒入料理机中，搅打均匀即可。

爱心提示

如果孩子有腹泻的症状，就不要吃火龙果和酸奶了，以免加重腹泻。

火龙果含有丰富的维生素 C 和花青素，可缓解视疲劳，非常适合孩子食用。

第六章
呵护肠胃
营养餐

孩子的肠胃功能发育还不够完善，对很多食材比较敏感，如果食用不当，会影响肠胃吸收和健康。如果肠胃养护不当，将会影响孩子的身体发育。

呵护肠胃的营养素

肠道不仅是人体的消化器官，还是免疫器官，80% 的免疫细胞都存在于肠道中。孩子的免疫系统从胎儿期就开始建立，直到出生后，通过母乳、食物获取更多的有益菌群，良好的肠道状态让孩子身体更健康。

1
肠道的"扫把"

膳食纤维

膳食纤维有助于加速肠道蠕动，可润肠通便；膳食纤维还可以促进肠道有益菌的繁殖，改善肠道环境，预防便秘。富含膳食纤维的食物有燕麦、薏米、山药、红薯、魔芋等。

红薯含丰富的膳食纤维，可以帮助清理肠胃中的废物。

2
增强肠动力

维生素 C

可提高人体免疫力，促进血液循环，还可以增强肠动力。富含维生素 C 的食物有西蓝花、芦笋、菠菜、大白菜、猕猴桃等。

草莓富含维生素 C，有助于增加肠胃动力。

3
维护肠胃健康

蛋白质

肠胃细胞每 10 天会更新一次，细胞的修复更新有赖于蛋白质提供能量。如果缺少蛋白质，肠胃的正常运转就会受影响。富含蛋白质的食物有大豆、猪肉、草鱼、鸡肉、牡蛎等。

大豆含大量的蛋白质和不饱和脂肪酸，有助于维护肠胃健康。

呵护肠胃的方法

多吃绿色蔬菜

孩子吃过多肉食会使肠胃负担加重，肠道有害菌大量繁殖。肠道菌群被破坏，给孩子带来很明显的症状就是排气增多，大便恶臭。在进食肉食时，同时吃足够多的蔬菜和菌菇类等膳食纤维丰富的食物，孩子肠道菌群就不容易紊乱了。

少食多餐

孩子的肠胃功能发育尚未完善，胃容量较小，胃黏膜薄，肌肉不发达，胃液分泌少，所以消化能力要弱于成人，需要注重少食多餐。一次摄入过多，容易造成消化道紊乱。

饮食清淡

辛辣、油炸、重盐等食物都会对胃黏膜造成损伤，加重消化负担，影响肠胃功能运转。孩子的餐食最好以蒸、煮、炖和清炒等做法为主。清淡的食物好消化、易吸收，适合养护孩子肠胃。

营造良好的就餐环境

孩子吃饭的习惯很大一部分受父母影响，父母吃饭可以适当放慢，引导孩子细嚼慢咽。在吃饭时，不宜谈论沉重的、严肃的话题，更不要去训斥孩子。孩子进餐时心情愉悦，更有利于肠胃的消化吸收。

跟我学做营养餐

豆角炒肉丝

原料

豆角150克，猪肉100克，蒜末、葱丝、盐各适量。

做法

1. 豆角洗净，切丝；猪肉洗净，切丝。2. 油锅烧热，放入部分蒜末、葱丝爆香，放入肉丝快速翻炒，炒至变色后盛出。3. 锅留底油，放入剩下蒜末，倒入豆角丝翻炒，放入适量盐，烹入少许水，焖煮5分钟。4. 豆角丝快熟时放入肉丝炒匀即可。

爱心提示

豆筋不易消化，而且影响口感，因此，烹调豆角时，最好去掉豆筋。

从中医角度来讲，豆角入脾经和胃经，能够和中下气，非常适合消化不良、肠胃蠕动慢的孩子食用。

土豆炖豆角

原料

土豆 1 个，豆角 100 克，酱油、葱段、盐各适量。

做法

1. 豆角洗净，焯水切段，备用；土豆洗净，去皮，切块。2. 油锅烧热，放入葱段爆香，放入豆角段、土豆块翻炒，倒入适量酱油。3. 锅中倒入水，炖 10 分钟至土豆熟烂，出锅前加盐调味即可。

爱心提示

未煮熟的豆角含有皂苷，有一定的毒性，因此豆角一定要先焯水，再充分煮熟。

土豆炖豆角富含膳食纤维、蛋白质及多种维生素，可以促进肠胃蠕动，为肠胃的正常运转提供能量。

彩椒杏鲍菇

原料

猪肉、杏鲍菇、芹菜各50克，彩椒100克，蚝油、盐各适量。

做法

1. 芹菜洗净，切段；杏鲍菇和彩椒洗净，切条；猪肉洗净，切丝。2. 油锅烧热，放入肉丝翻炒。3. 放入杏鲍菇条和彩椒条，大火翻炒至杏鲍菇出水，放入芹菜段和少许蚝油。4. 待芹菜段变软，放适量盐调味即可。

爱心提示

杏鲍菇富含蛋白质等营养素，有助于促进智力发育，孩子可以经常食用。

芹菜和杏鲍菇都富含膳食纤维、多种维生素，可以健脾开胃，缓解消化不良，还可以增强身体免疫力。

杏鲍菇炒肉

原料

猪肉50克，杏鲍菇100克，水淀粉、酱油、蒜末、葱末、姜末、盐各适量。

做法

1.猪肉洗净，切丝，放入酱油、水淀粉稍加腌制；杏鲍菇洗净，切丝。2.油锅烧热，放入蒜末、姜末、葱末爆香，再放入肉丝翻炒。3.倒入杏鲍菇丝炒至杏鲍菇出汁变软，加盐调味即可。

爱心提示

腌肉时加入几滴柠檬汁，有助于去除腥味，还会使肉有清香的味道。肉经水淀粉拌匀后再炒制会比较嫩滑，更适合孩子吃。

杏鲍菇中含有植物多糖及蛋白质，有助于调节孩子免疫力。杏鲍菇含有膳食纤维，有助于促进肠道蠕动和食物的消化。

胡萝卜玉米汤

原料

胡萝卜 50 克，玉米 150 克，盐适量。

做法

1. 胡萝卜洗净，去皮，切块。2. 玉米洗净，切段。

3. 锅中放油烧热，放入胡萝卜块，小火翻炒 2 分钟。

4. 倒入适量水，水开后放入玉米段，煮 10 分钟。

5. 出锅前加适量盐调味即可。

爱心提示

小宝宝肠胃功能弱，可能无法完全消化整颗玉米粒，也可用料理机将嫩玉米粒打成汁饮用。

本汤鲜甜，开胃爽口，同时含有丰富的维生素、膳食纤维，有助于促进肠胃蠕动，缓解食欲不振和便秘。

芦笋炒西红柿

原料

西红柿 200 克，芦笋 150 克，盐适量。

做法

1. 芦笋洗净，切段，略焯备用；西红柿洗净，切块。2. 油锅烧热，放入西红柿块翻炒，再放入芦笋段炒软，出锅前放入盐调味即可。

爱心提示

芦笋直接清炒很难断生，如果用水煮则会导致营养流失严重。最佳做法是焯水后再略微炒制即可，焯水还可以去除芦笋中大部分草酸。

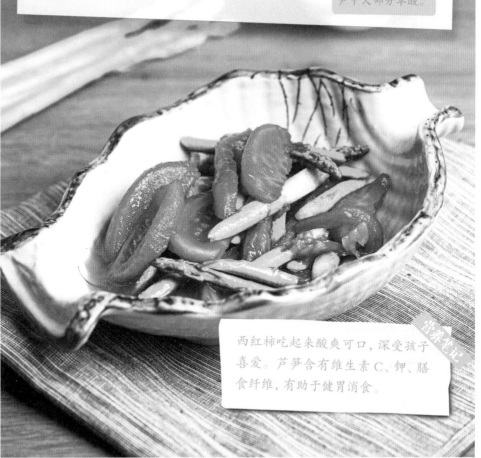

西红柿吃起来酸爽可口，深受孩子喜爱。芦笋含有维生素 C、钾、膳食纤维，有助于健胃消食。

山药粥

原料

大米 50 克，铁棍山药 100 克，冰糖适量。

做法

1. 大米淘洗干净；山药去皮，切成小段。2. 将大米放入锅中，加适量水，大火煮沸后放入山药段，煮至八成熟，放适量冰糖，继续熬煮至冰糖化即可。

爱心提示

山药皮中所含的皂角素或黏液里含的植物碱，人们接触会引起过敏而发痒。易过敏体质者处理山药时应戴上一次性手套。

山药是药食两用的健脾胃佳品，非常适合孩子食用。到了冬季，有些脾胃虚寒的孩子常常出现食少腹胀、大便稀溏等症状，经常喝山药粥，能有效缓解不适。

红豆饭

原料

大米、红豆各 50 克。

做法

1. 红豆用清水浸泡 6 小时，并将大米洗净备用。

2. 将大米与红豆放入电饭煲中，加入适量清水，选择煮饭模式煮熟即可。

爱心提示

红豆比较难以煮熟，需要提前充分浸泡。在红豆饭的蒸制过程中可以加入适量红枣碎来提升口感，使孩子更爱吃。

红豆富含蛋白质、B 族维生素、膳食纤维及多种矿物质，不仅可以利水排湿，而且可以清除肠道废物，缓解便秘症状。

玉米绿豆饭

原料

绿豆、玉米、大米各 30 克。

做法

1. 绿豆洗净，清水浸泡 4 小时；玉米洗净，剥下玉米粒；大米淘洗干净。2. 将所有食材放入电饭煲中，加入适量清水，选择煮饭模式煮熟即可。

爱心提示

孩子吃杂粮需要循序渐进，每周吃 1~3 次即可，并且吃了杂粮后需要多喝水，帮助消化。

营养笔记

玉米绿豆饭含丰富的蛋白质、膳食纤维、B 族维生素及多种矿物质，适量食用有助于开胃健脾，非常适合有便秘问题的孩子食用。

薏米山药粥

原料

山药50克, 薏米30克, 大米20克, 枸杞子适量。

做法

1. 山药洗净, 去皮, 切块; 薏米、大米淘洗干净。

2. 将山药块、薏米、大米放入锅中, 加适量水, 熬煮成粥。3. 煮好后, 放入少许枸杞子即可。

爱心提示

杂粮虽然可以健脾补胃, 但是不宜一次性吃得过多。

山药含有丰富的可溶性膳食纤维, 有助于消化; 薏米含丰富的维生素, 对肠炎、消化不良症状有一定的缓解效果。二者搭配煮粥, 营养丰富且养胃。

洋葱爆羊肉

原料

羊肉卷100克，洋葱50克，葱段、料酒、生抽、盐各适量。

做法

1.洋葱洗净，切丝。2.油锅烧热，放入羊肉卷翻炒，放入料酒、生抽，再放入葱段、洋葱丝翻炒至断生，出锅前加盐调味即可。

爱心提示

羊肉多有膻味，在烹调羊肉时，可以加入适量料酒和大葱，不仅可以去膻味，还能保持羊肉原有的风味。

营养笔记

羊肉性温热，具有驱寒暖胃的温补作用。羊肉富含蛋白质，且肉质细嫩，容易消化。多吃羊肉还可以提高身体素质，缓解疲劳。

板栗焖猪蹄

原料

猪蹄 200 克，板栗 70 克，姜片、生抽、蚝油、料酒、白糖、白胡椒粉、大料、盐各适量。

做法

1. 猪蹄处理干净，切块；板栗煮熟，去壳取肉。
2. 锅中加适量清水，放入猪蹄、姜片、料酒，大火煮开后把猪蹄过凉冲洗。3. 油锅烧热，放入白糖炒至变色，放入猪蹄、姜片，再放入料酒、蚝油、白胡椒粉、大料，倒入清水。4. 猪蹄快熟时放入板栗肉，放入少许盐、生抽。5. 把板栗猪蹄移至砂锅中，小火焖煮 20 分钟即可。

爱心提示

板栗不易消化，不宜食用太多，一次吃 3~5 颗即可。

板栗是一种营养丰富的坚果，含蛋白质、脂肪、维生素和矿物质，健脾养胃。

红薯粥

原料

红薯 80 克，小米 50 克，红豆、黑芝麻各适量。

做法

1.红薯洗净，去皮，切块；小米、红豆洗净。2.锅内倒入清水，放入小米、红薯块和红豆，大火煮沸，转小火继续煮至粥稠。3.出锅前加入黑芝麻即可。

爱心提示

红薯富含膳食纤维、维生素C、钾，与小米搭配食用，有助于营养均衡。

红薯软糯香甜，深受孩子喜欢。同时，红薯含有大量的膳食纤维，能够有效刺激肠道蠕动和消化液的分泌，可以缓解便秘，对肠胃有利。

烤红薯片

原料

红薯 2 个。

做法

1. 红薯洗净，切成厚度 5 毫米左右的片。2. 烤箱 180℃预热 15 分钟，铺上烘焙纸。3. 将红薯片放入烤盘，刷少许油，烤 20 分钟至两面金黄即可。

爱心提示

红薯片切得稍厚些，更适宜小孩子咀嚼。吃起来口感香甜，非常适合给孩子当零食。

这道烤红薯外酥里糯，香甜可口，孩子一定喜欢。而且红薯中含有多种维生素及钾、铁、铜、硒等矿物质，可健脾养胃。

第七章
增强免疫力
营养餐

如何增强孩子的免疫力？这是越来越多的家长所关心的问题。正因如此，一些号称能提高孩子免疫力的保健产品层出不穷，家长需要仔细甄别。孩子免疫力低下通常伴有生长发育迟缓、每次生病都很难自愈以及细菌感染后很难治疗等现象。增强孩子免疫力，科学食养才是良方。

增强免疫力的营养素

免疫力是人体抵抗病原微生物和环境侵蚀的能力，孩子的免疫系统需要逐步完善。孩子免疫力强，抵抗病原体的能力就强，不容易生病，即便生病也能较快恢复。

1 促进免疫细胞的增殖和活化

维生素 C

维生素 C 具有极强的抗氧化性，可以清除体内的自由基和氧化代谢产物，进而促进免疫细胞的增殖、活化。富含维生素 C 的食物有鲜枣、芥蓝、彩椒、芥菜、猕猴桃、苦瓜等。

鲜枣可以补充维生素C，有助于调节免疫功能。

2 免疫细胞重要构成部分

硒

硒是人体所必需的微量元素之一，具有强抗氧化作用，几乎所有的免疫细胞中都含有硒。富含硒的食物有蛋类、大蒜、鱿鱼、海参、贻贝、松蘑等。

孩子适当吃点儿海产品等，有助于增强体质。

3 免疫功能的物质基础

蛋白质

蛋白质是机体免疫功能的物质基础，如果体内缺乏蛋白质，容易造成皮肤和黏膜局部免疫力下降。富含蛋白质的食物有牛奶、大豆、鸡蛋、鹌鹑蛋、鸡肉、鸭肉、牛肉、羊肉等。

每日喝一定量的奶，可以保证蛋白质和钙等营养素的摄入。

增强免疫力的方法

避免过度照料

有的家长会对孩子有求必应，孩子走路刚感觉到累，就立刻抱起来；家里环境刚有点脏，就立刻清洗、消毒；孩子不喜欢某些食物就不给他吃了……家长对孩子的付出很辛苦，但是这样对孩子的成长不利。家长适当"懒"一点儿，让孩子有个适应新事物的过程，更有利于增强孩子免疫力。

均衡的营养

均衡的营养是强大免疫力的物质基础，如果孩子挑食或偏食，身体缺乏某些营养素，会导致身体抵御疾病的能力降低。

长期营养失衡会导致身体营养不足或肥胖，引发免疫功能失调或下降，细菌、病毒更容易入侵。

不滥用药物

感冒和发热是儿童较为常见的病症，二者都是自限性疾病，即不用吃药也可以自愈，因此感冒不是很严重时，或者发热不到38.5℃时，应减少用药。滥用药物会对孩子的肠胃功能、肝功能等造成损害，不利于增强免疫力。

有氧运动

有氧运动能够有效改善心肺功能，促进新陈代谢，提高人体的免疫力。适量运动有益于健康，但是强度过大的运动也会造成身体损伤，使免疫功能受到抑制。因此，运动强度不是越强越好、运动时间也不是越长越好，以适度为宜。

跟我学做营养餐

西红柿炒菜花

原料

菜花 150 克，西红柿 200 克，盐适量。

做法

1. 菜花洗净，切小朵，放入沸水中焯烫 2 分钟，捞出，过凉，沥干。2. 西红柿洗净，去皮，切块。3. 锅中放油，油热后放入西红柿块炒至出汁。4. 放入菜花继续翻炒，出锅前加适量盐调味即可。

爱心提示

菜花切好之后不能久放，先将菜花用沸水焯一下，再急火快炒。

菜花的维生素 C 含量很高，有助于增强肝脏解毒能力，从而提高身体免疫力，减少感冒和坏血病发生的概率。

西红柿炖牛肉

原料

牛肉、西红柿各 200 克，蒜末、姜片、花椒、大料、盐、酱油各适量。

做法

1. 牛肉洗净，切块，冷水下锅，水开后撇去浮沫，捞出；西红柿洗净，切块。2. 油锅烧热，放入西红柿块翻炒，加适量水。3. 另起油锅，放入蒜末、姜片、花椒、大料爆香，倒入牛肉块翻炒，加适量酱油，放入炒好的西红柿汁，小火慢炖 1 小时，出锅前加盐调味即可。

爱心提示

炖牛肉一定要用小火，将肉里面的油脂慢慢炖出来，可以使肉更好地入味。

牛肉含有丰富的蛋白质、维生素 B_6 等营养素，经常吃牛肉可以增强身体免疫力，补充身体所需蛋白质，促进新陈代谢。

苦瓜酿肉

原料

苦瓜 300 克，猪瘦肉 100 克，葱花、枸杞子、盐各适量。

做法

1.苦瓜洗净，切小段，去瓤，焯水备用。2.猪瘦肉洗净，切末，用葱花、盐拌匀，塞进苦瓜段中，点缀上枸杞子。3.上锅蒸，水开后，再蒸 15 分钟即可。

爱心提示

苦瓜含有较多草酸，蒸制前宜焯水，以去除草酸。

营养笔记

适量吃苦瓜，可以消暑去火。同时，苦瓜含膳食纤维、维生素C、B族维生素及钙、磷等营养素，有助于调节免疫力。

冬瓜海带排骨汤

原料

排骨200克,冬瓜100克,干海带、姜片、葱段、葱花、料酒、胡椒粉、盐各适量。

做法

1. 冬瓜洗净,去皮去瓤,切小块;干海带提前泡好,切条,焯烫2分钟。2. 排骨洗净,冷水下锅,放入姜片、葱段、料酒,大火煮开后捞出,洗净。3. 将排骨放入砂锅中,放入海带条、姜片,加适量开水,煲1小时,放入冬瓜块再煲10分钟,出锅前加盐、胡椒粉、葱花调味即可。

爱心提示

排骨宜选用肋排,瘦嫩少油,煮烂后更便于孩子咀嚼。

冬瓜海带排骨汤富含蛋白质、多种维生素、脂肪、膳食纤维及钙、钾等营养素,有助于增强体质。

粉蒸排骨

原料

排骨 300 克，大米、糯米、花椒、大料、姜末、葱花、酱油、白糖、十三香、白胡椒粉各适量。

做法

1.排骨洗净，切段，加入姜末、酱油、白糖、十三香、白胡椒粉抓匀腌制。2.大米、糯米、花椒、大料一起放进炒锅，不放油，小火干炒，慢慢炒至金黄后放凉，用料理机将炒好的米连同香料一起打成粉。3.腌好的排骨段均匀裹上米粉，放入蒸锅大火蒸 40 分钟，出锅前撒葱花即可。

爱心提示

孩子出牙期会喜欢啃咬东西，煮软的排骨可以充当磨牙棒，让孩子适当啃咬一会儿。但是家长需要加以看护。

在蒸制过程中，米粉吸收了排骨的油脂，鲜香不腻，还可提供生长发育所必需的蛋白质、脂肪、维生素等营养素，深受孩子喜爱。

清炒口蘑

原料

口蘑200克，葱丝、姜末、白糖、酱油、水淀粉、盐各适量。

做法

1. 口蘑洗净，切片。2. 油锅烧热，放入葱丝、姜末爆香，放入口蘑片翻炒，加入白糖、酱油调味，烹入少量水。3. 加入盐，倒入水淀粉勾芡即可。

爱心提示

缺硒会引起甲状腺代谢特异性改变，导致儿童生长激素分泌减少，常吃口蘑及海产品可以补硒。

口蘑富含膳食纤维、维生素D、B族维生素等营养素，同时口蘑还含有丰富的硒，是很好的补硒食品。

洋葱炒鸡蛋

原料

洋葱200克，鸡蛋2个，盐、酱油、葱丝各适量。

做法

1.洋葱洗净，切丝；鸡蛋打散，放入盐搅匀。2.热锅烧油，倒入蛋液炒熟。3.锅中留底油，倒入洋葱丝翻炒，放入少许酱油，2分钟后倒入鸡蛋翻炒，出锅前加盐、葱丝即可。

营养笔记

洋葱富含维生素，适量食用有助于增强孩子免疫力，但是过量食用会刺激肠胃。

枸杞子胡萝卜鸭肝汤

原料

鸭肝 200 克，胡萝卜、蘑菇各 50 克，枸杞子、姜片、香油、盐各适量。

做法

1. 鸭肝、胡萝卜、蘑菇分别洗净，切片。2. 鸭肝片加入姜片，腌 10 分钟。3. 锅中放水烧开，放鸭肝片、胡萝卜片、蘑菇片、枸杞子，煮至沸腾，转小火煮 10 分钟，出锅前加盐、香油调味即可。

爱心提示

枸杞子含丰富的枸杞子多糖、胡萝卜素、维生素E，具有抗氧化作用，孩子适量食用有助于增强身体免疫力，但是过量食用会导致"上火"。

营养笔记

鸭肝含丰富的蛋白质、维生素、铁等营养素，可以预防缺铁性贫血，促进孩子生长发育。

罗宋汤

原料

牛肉、土豆、西红柿各 100 克，洋葱、胡萝卜各 50 克，香菜碎、番茄酱、盐各适量。

做法

1. 牛肉洗净，切小块，焯水，去浮沫，捞出后用冷水洗净。2. 西红柿、洋葱、土豆洗净，去皮，切丁；胡萝卜洗净，切段。3. 锅中倒油烧热后，加入西红柿丁炒出汁，再放入其他蔬菜，翻炒至断生。4. 加入牛肉块和适量开水，大火煮开后转小火再煮 20 分钟，出锅前加香菜碎、番茄酱、盐，拌匀即可。

爱心提示

将牛肉与多种蔬菜同煮，营养全面，同时更增添菜品的风味。

罗宋汤可以补充儿童生长发育所必需的蛋白质、维生素 B_6 等营养素，适量食用可以提高身体抗病能力。

菠菜猪肝粥

原料

猪肝 100 克，菠菜、大米各 50 克，香油、盐各适量。

做法

1. 大米淘洗干净，清水浸泡 30 分钟；猪肝洗净，切片，入开水焯烫，沥干。2. 菠菜洗净，焯水，沥干，切段。3. 锅里加适量水，放入泡好的大米，大火煮开，转小火熬至米粒熟软。4. 加入猪肝片、菠菜段煮至软烂，加适量盐，滴几滴香油调味即可。

爱心提示

猪肝的腥味较重，略微焯水后再拌入适量香油，可以去腥。

营养笔记

这道粥富含蛋白质、维生素 A、钙、磷、铁等营养素，对眼睛有益，还有助于增强人体免疫力。

麻酱菠菜

原料

菠菜 200 克，蒜末、芝麻酱、盐、香油各适量。

做法

1. 菠菜择去老叶，去根，洗净。2. 菠菜焯烫后沥水，放凉。3. 芝麻酱、盐和水搅匀调成麻酱汁。4. 将放凉的菠菜切段，淋上调好的麻酱汁，撒上蒜末即可。

爱心提示

芝麻酱含有丰富的维生素和钙，有助于孩子骨骼的生长，预防贫血，同时还有助于润肠通便。

经常吃菠菜可以补充维生素C、叶酸、铁、磷等多种营养素，有助于保护视力和上皮细胞的健康，同时还可以促进生长发育。

菠菜小馒头

原料

中筋面粉 200 克，菠菜汁 100 毫升，酵母 2 克。

做法

1. 将酵母加入菠菜汁中，混合均匀。2. 将菠菜汁分次加入到面粉中，用筷子搅拌成絮状，再揉成光滑的面团，盖上保鲜膜，醒发至 2 倍大。3. 将面团分成大小相等的剂子，整成馒头生胚。将生胚放入蒸屉中，盖上盖子，再次醒发 15 分钟。4. 蒸屉上锅，大火蒸制 20 分钟，关火闷 5 分钟即可以出锅。

爱心提示

彩色的食物更能吸引孩子的注意，改善儿童挑食情况，帮助孩子轻松吃绿色蔬菜。

营养笔记

菠菜被称为"蔬菜之王"，含有丰富的维生素 C、维生素 K、胡萝卜素及矿物质等，营养丰富。

芒果西米露

原料

西米 30 克，芒果肉、西柚肉各 50 克。

做法

1. 西米用水浸泡至变大。2. 西米放入沸水中，煮至透明状，捞出沥干，放入碗内。3. 芒果肉切粒，放入料理机中，放入适量水，搅拌成芒果甜浆。4. 将芒果甜浆和西柚肉倒在西米上，拌匀即可食用。

爱心提示

西米富含碳水化合物，食用过多易导致消化不良，应避免一次食用过多。

营养笔记

芒果富含多种有机酸，适量食用有助于增强消化功能，调理脾胃。芒果还含有丰富的维生素 C，可以有效预防坏血酸病。

木瓜炖银耳

原料

木瓜 100 克，干银耳 10 克，冰糖适量。

做法

1. 干银耳用温水泡发，洗净，撕成小朵；木瓜削皮除子，切小块。2. 将银耳、木瓜块、冰糖一起放入锅里，加适量水煮开，转小火炖煮 30 分钟即可。

爱心提示

银耳不仅是非常好的滋阴润肺佳品，而且有助于补脾开胃、益气清肠。

木瓜含有丰富的木瓜酶，有助于将蛋白质分解成氨基酸，从而利于营养的吸收。适量吃一些木瓜，还助于润燥、养胃。

第八章
钙、铁、锌
强壮骨骼营养餐

钙是儿童骨骼发育的重要营养素，能保持骨骼健康。对人体来说最佳的钙是从膳食中获取的。除了钙以外，其他营养素也很重要：铁和锌影响身体对钙的吸收和代谢；适量的钾可以减少骨骼中钙的流失；当体内维生素 A、维生素 D 等缺乏时，骨骼的生长和发育也会受到影响。

促进骨骼生长发育的营养素

春季是孩子长个的最佳季节，孩子身高的增长离不开骨骺线，骨骺线没完全闭合之前就要给孩子创造良好的增高条件，营养是关键因素之一。

1 强壮骨骼

钙

钙是组成人体骨骼的主要成分，人体 99% 的钙存在于骨骼和牙齿当中。儿童钙摄入不足会影响骨骼生长，容易会出现 O 形腿或 X 形腿，对其正常运动和身高造成不利影响。适量的钙还会使骨骼的软组织保持弹性和韧性。

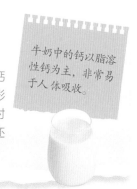

牛奶中的钙以脂溶性钙为主，非常易于人体吸收。

2 预防贫血

铁

铁是造血的主要原料。儿童正处在生长发育的关键时期，缺铁会造成小肠吸收功能紊乱，不能吸收足够的促进生长发育的营养素。同时缺铁会导致缺铁性贫血，使免疫功能受到影响，容易生病。

猪血中含铁较多，而且含有的为血红素铁，人体更容易吸收。

3 促进食欲

锌

锌是人体所必需的微量元素。人体内的锌大部分分布在骨骼、肌肉、血浆和头发中。身体缺锌时，骨细胞的生长、分裂、分化都会受到影响，从而导致身体发育不良。同时，缺锌也会影响食欲，导致营养摄入不足。

牡蛎是含锌量最高的食物。

补充矿物质的方法

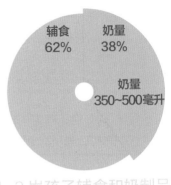

辅食 62%　奶量 38%

奶量 350~500毫升

1~2 岁孩子辅食和奶制品营养供给比例

奶量充足

牛奶除了含丰富的钙、B 族维生素、维生素 A、维生素 D 等以外，还是非常好的蛋白质来源。因此营养专家建议只要不是乳制品过敏，终生不断奶。1 岁以前喝配方奶，1 岁以后可以换成纯牛奶。

牛奶的摄入以每天 300~500 毫升为宜，不宜超过 500 毫升，因为摄入牛奶及奶制品过多会导致摄入过多的钙，影响铁、锌等营养物质的吸收，从而影响儿童的正常生长发育。

合理搭配

矿物质	含量较高的食物	增强吸收的营养素
钙	牛奶及奶制品如奶酪、酸奶等；豆类、坚果如黄豆、榛子、黑芝麻、花生米、杏仁等；绿色蔬菜：西蓝花、菠菜、芥菜等	维生素 D
铁	动物肝脏、动物血、畜禽肉类等	维生素 C
锌	贝壳类海产品、红肉等	维生素 A

跟我学做营养餐

酱牛肉

原料

牛腱子 250 克，苹果 100 克，陈皮 2 克，葱花、姜片、大料、香叶、酱油、盐各适量。

做法

1. 牛腱子清洗干净，在盐水中浸泡 30 分钟；苹果洗净，切块。2. 牛腱子冷水下锅，水开后撇去浮沫，捞出。3. 再次将牛腱子冷水下锅，放入苹果和陈皮，再加入葱花、姜片、大料、香叶、酱油、盐转小火焖煮 1 小时。4. 捞出牛腱子后，放置 2 小时至冷却，然后再放回原汤中，大火煮 15 分钟即可。

爱心提示

牛肉中的肌氨酸含量丰富，对增长肌肉、增强力量有效，孩子可以经常吃。

营养笔记

牛肉可以很好地补充身体和大脑发育所必需的优质蛋白质，提高身体抗病能力。同时，牛肉含丰富的铁和维生素 B_6，能有效预防缺铁性贫血。

牛奶红枣粥

原料

大米 50 克，牛奶 250 毫升，红枣适量。

做法

1. 红枣洗净，去核。2. 大米洗净，用清水浸泡 30 分钟。3. 锅内加入清水，放入浸泡好的大米，大火煮沸后转小火煮 30 分钟，至米粒软烂。4. 加入牛奶和红枣，小火慢煮至牛奶微开，粥浓稠即可。

爱心提示

大米可以换成燕麦片，以增加粗粮的摄入量，有助于补充 B 族维生素。

牛奶能够为身体补充丰富的钙质，有利于强健骨骼。牛奶搭配红枣，具有补益脾胃的作用。

木樨肉

原料

猪肉 100 克，鸡蛋 1 个，干黄花菜、干木耳、黄瓜、胡萝卜、淀粉、生抽、盐各适量。

做法

1. 黄花菜洗净，泡发；木耳泡发，撕成小朵；黄瓜、胡萝卜洗净，切片。2. 猪肉洗净，切薄片，用淀粉、生抽腌制 10 分钟。3. 鸡蛋打散，炒成块状。4. 锅中倒油，油热后放入肉片炒至变色，放入黄花菜、木耳、黄瓜片、胡萝卜片和炒好的鸡蛋，大火翻炒，炒熟后加盐出锅即可。

爱心提示

猪肉最好选猪里脊肉，其结缔组织较少，质地细嫩柔软，无腥膻异味，非常适合孩子食用。

猪肉中含有丰富的铁，有助于防治缺铁性贫血。用猪肉与多种蔬菜搭配食用，可以使孩子摄入更丰富的营养。

黄豆炖猪蹄

原料

猪蹄 1 只，黄豆 15 克，姜片、葱花、盐、冰糖各适量。

做法

1. 猪蹄洗净，切块，焯烫；黄豆用水浸泡 2 小时。
2. 热锅起油，放入冰糖炒出糖色，放入猪蹄炒至上色，加入适量温水煮开，转至砂锅内，放入姜片、黄豆，用中火炖煮至软烂，出锅前加葱花、盐调味即可。

爱心提示

黄豆炖猪蹄是一道高蛋白菜品，孩子不宜一次性吃太多。

猪蹄营养丰富，味道香浓可口，可以补充儿童生长发育所必需的氨基酸、钙、锌等营养素。

虾仁鸡蛋饼

原料

虾仁 100 克，鸡蛋 2 个，面粉 50 克，葱花、盐、香油各适量。

做法

1. 虾仁洗净，放入盐、香油抓匀，腌制片刻；鸡蛋打散，放面粉、少许水、葱花、盐搅匀制成面糊。
2. 起油锅，倒入面糊摊成圆饼状，两面煎至金黄色。
3. 出锅后切块即可。

爱心提示

虾肉鲜香且营养丰富，适量食用有助于促进食欲、补充体力。

虾营养丰富，肉质较嫩，易于消化，可以补充身体所需的蛋白质、维生素 A、钙、镁等营养素。

蒸牡蛎

原料

牡蛎6个，姜末、蒜末、葱末、生抽各适量。

做法

1.把牡蛎壳刷干净，撬开。2.牡蛎放入蒸锅中，大火蒸12分钟。3.将生抽、蒜末、姜末、葱末搅拌成汁，淋在牡蛎肉上即可。

爱心提示

烹制牡蛎时要充分加热煮熟。另外，进食量也需控制，不能多吃，以免引起肠胃功能紊乱。

牡蛎营养丰富，被称为"海里的牛奶"，可以补充蛋白质、维生素、钾、镁、锌、硒等营养素，孩子适量吃一些牡蛎有助于骨骼和大脑发育。

虾仁花蛤粥

原料

虾仁、大米各 50 克，花蛤 200 克，芹菜 30 克，胡椒粉、香油各适量。

做法

1. 花蛤洗净，入沸水中焯熟；大米洗净；芹菜择洗干净，切丁。2. 将大米放入锅中，加适量清水，熬至米粒熟烂。3. 放虾仁、花蛤、芹菜丁再煮 3 分钟，出锅前加适量香油，撒上胡椒粉即可。

爱心提示

花蛤焯水后，如果壳没开，就说明是煮之前已经死了或者没有煮熟，不能食用。

孩子适量吃些花蛤可以有效补充身体所需要的微量元素、维生素等营养素，可以提高身体免疫力。

丝瓜花蛤汤

原料

丝瓜 150 克，花蛤 100 克，葱段、姜丝、盐各适量。

做法

1. 花蛤吐沙，洗净；丝瓜洗净，切片。2. 砂锅内放入丝瓜片、葱段、姜丝，大火煮沸后转小火煮至丝瓜片八成熟。3. 再下入花蛤煮 5 分钟，加适量盐调味即可。

爱心提示

第一次给孩子吃花蛤时量要少点，以观察有没有过敏现象。

营养笔记

花蛤味道清甜、鲜美，而且高蛋白、低脂肪，是给儿童补锌、补钙的佳品。

芹菜炒虾仁

芹菜 100 克，虾仁 50 克，盐、水淀粉各适量。

做法

1. 芹菜择洗干净，切段，略焯；虾仁洗净。2. 油锅烧热，放入芹菜段、虾仁翻炒熟。3. 加盐调味，用水淀粉勾芡即可。

爱心提示

虾仁还可以与黄瓜、韭菜等蔬菜一同炒制，味道鲜美。

虾仁自带咸鲜，这道快手菜非常适合孩子吃，能补充孩子生长发育所需蛋白质、多种维生素、钙、磷、镁等营养素。

清蒸虾

原料

虾 200 克，葱花、姜片、香油、盐各适量。

做法

1.虾去虾线，洗净。2.虾摆在盘内，加入葱花、姜片，上锅蒸 10 分钟左右。3.拣去姜片、葱花，用香油、盐调成汁，蘸食即可。

爱心提示

蒸虾不用去除虾头、虾壳，尽量保持虾油成分，使虾味十足。

营养笔记

可以在蒸蛋时放入虾仁，做成虾仁蒸蛋，使孩子摄入的营养更全面。

白萝卜蛏子汤

原料

白萝卜 50 克，蛏子 200 克，姜片、盐各适量。

做法

1. 蛏子放入清水中泡 2 小时，入沸水中焯烫，捞出，去外壳；白萝卜削皮，洗净，切片。2. 锅内放入油烧热，放入姜片爆香，倒入清水，将蛏子肉、白萝卜片一同放入锅内炖煮。3. 出锅前加盐调味即可。

爱心提示

蛏子是凉性食物，孩子腹泻时不宜食用。

蛏子富含蛋白质、钙、硒、烟酸等营养素，味道鲜美，非常适合孩子食用。

冬瓜鸭肉汤

原料

鸭肉 150 克，冬瓜 100 克，姜片、盐、红枣各适量。

做法

1. 鸭肉洗净，斩块；冬瓜洗净，切块；红枣洗净。
2. 鸭肉冷水入锅，大火煮 10 分钟，捞出沥干。3. 鸭肉、姜片放入汤煲内，倒入足量水，大火煮开后转小火煲 90 分钟。4. 下入冬瓜块、红枣，继续煲至冬瓜熟软，加盐调味即可。

爱心提示

容易上火的孩子可以适当用鸭肉来代替鸡肉，有清补的作用。

营养笔记

鸭肉含丰富的不饱和脂肪酸、B 族维生素及钾、锌等营养素。冬瓜利水消肿，经常食用有助于滋阴养胃。

小米南瓜饭

原料

小米 50 克，南瓜 100 克。

做法

1. 小米洗净；南瓜洗净，去皮，切小块。2. 电饭煲放入小米和南瓜块，注入适量水。3. 启动"煮饭"键，煮熟即可。

爱心提示

小米南瓜饭富含膳食纤维，有助于健脾开胃，促进肠道蠕动，预防便秘。

儿童常食用南瓜可以补充生长发育所必需的多种维生素以及磷、钾、钙、镁、锌等营养素。

营养笔记

苹果糖水

原料

苹果 200 克，红枣适量。

做法

1.红枣洗净，用温水泡 10 分钟；苹果洗净，去皮，切块。2.锅内倒清水，放入红枣，大火煮沸后转小火煲 30 分钟。3.加入苹果块再煮 5 分钟即可。

爱心提示

这道甜品也可以加入梨、金橘或芒果等其他水果增添风味。

苹果口感绵甜，还富含天然植物胶质、维生素以及钙、锌等营养素。

营养笔记

第九章
孩子食物过敏怎么吃

如果孩子出现不明原因的腹泻、呕吐、湿疹等症状，家长需要考虑是否为食物过敏或食物不耐受，需积极排查过敏原。食物过敏尚无好的治疗方法，最好的应对方法是回避致敏原。易食物过敏的孩子更容易营养不良，在日常饮食中需要多食用可保证正常生长发育的其他替代性食物。

食物过敏是什么

食物过敏是指进食某种食物后，身体免疫系统认为该类食物有害，从而引起一系列皮肤、消化系统、呼吸系统等反应，严重的过敏会导致生命危险。

常见的食物过敏症状

身体部位	过敏症状
皮肤	湿疹、急性荨麻疹、瘙痒、血管性水肿等
胃肠道	腹胀、腹泻、口唇痒肿、恶心呕吐、食管炎等
呼吸系统	流泪、流涕、打喷嚏、哮喘等

如何判断孩子是否对某种食物过敏？通常是采用排查法，即第一次给孩子吃少量该食物，观察后续的 3~5 天内是否会有过敏症状。

常见的食物过敏原

过敏对 3 岁以下的幼儿来说非常常见，这主要是因为幼儿的消化功能、免疫功能没有发育成熟。常见的食物过敏原有鸡蛋、鱼虾、贝类、坚果、小麦、牛奶等。

| 鸡蛋 | 鱼虾 | 贝类 | 坚果 | 小麦 | 牛奶 |

一般情况下，食物过敏症状会随着孩子长大而逐渐消失。因此孩子对某种食物过敏，并不代表终身都不能再吃该种食物，也有的情况则是终身对某种食物过敏。食物过敏与遗传因素、肠道因素等有关。如果父母有食物过敏的现象，更需关注孩子对该过敏原的反应。

孩子食物过敏怎么办

预防食物过敏最好的方法是避免食用致敏食物。另外，还需要防止"误食"致敏食物，每吃一种新食物前，应留意其加工过程及成分中是否含有过敏原。例如对杏仁过敏的孩子，蛋糕、饼干如果加了杏仁，就应避免食用。

对鸡蛋过敏的孩子注射疫苗时需要注意，一些疫苗以鸡蛋为培养基，注射此类疫苗可能会导致孩子发生不良反应。

致敏原	可能隐藏致敏原的食物	可替代食物
鸡蛋过敏	面包、蛋糕、冰激凌、沙拉酱等	奶类、鱼类、肉类、豆类等
奶制品过敏	奶酪、奶片、面包、蛋糕等	深度水解奶粉、鱼类、紫菜、肉类、全麦制品、坚果、豆类及豆制品等
麸质过敏	面条、面包、饼干、面筋等	玉米、小米、土豆、山药、红薯等
海鲜过敏	火锅丸子、鱼罐头、鱼油、鱼肠等	全麦制品、肉类、大豆油、亚麻籽、淡水鱼类等
坚果过敏	坚果饼干、坚果巧克力、坚果榨的油等	豆类、植物油、全麦制品等
大豆过敏	酱油、味噌等	杂粮、坚果等

鸡蛋过敏

西红柿鱼片

原料

西红柿、草鱼肉各 150 克，葱段、葱花、姜片、盐各适量。

做法

1. 草鱼取刺少的鱼腹，除刺，将鱼肉切片，用葱段、姜片腌制 10 分钟；西红柿洗净，切片。2. 油锅烧热，放入葱段、姜片爆香，倒入西红柿片炒至软烂出汤，加水煮开。3. 下入鱼片煮至变色，加适量盐调味，撒上葱花即可。

爱心提示

适合孩子吃的刺比较少的鱼类还有鲈鱼、黑鱼、罗非鱼、三文鱼、龙利鱼、鳕鱼等。

营养笔记

鸡蛋富含优质蛋白质，鱼类也富含优质蛋白质，而且还含有丰富的不饱和脂肪酸、磷、硒、铜等营养素，对促进血液循环及骨骼发育都有利。

菠菜鱼片汤

原料

草鱼 150 克，菠菜 100 克，高汤 500 毫升，姜丝、盐各适量。

做法

1. 草鱼取鱼腹，除刺，洗净，将鱼肉切片，加盐、姜丝腌 30 分钟。2. 菠菜择洗干净，焯烫，切段。3. 锅中放入高汤烧沸，下鱼片焯烫至熟，放入菠菜段，加少许盐调味即可。

爱心提示

建议孩子每周吃 1~2 次鱼，可以补充 DHA，有利于大脑发育。

鱼肉富含优质蛋白质以及钙、磷、钾等矿物质。菠菜含有丰富的胡萝卜素、维生素 C、叶酸等，对保护视力有益。

乳制品过敏

甜味豆浆

原料

黄豆 50 克，白糖适量。

做法

1. 黄豆洗净，浸泡一晚。2. 将黄豆放入豆浆机内，加入适量水，按"豆浆"键。3. 豆浆煮熟后，滤去豆渣，加适量白糖即可。

爱心提示

黄豆可以和五谷杂豆一起混合制成五谷豆浆，营养更丰富。如果豆浆研磨细腻，可以不必过滤豆渣。

乳制品是优质蛋白质和钙的良好来源。大豆及其制品也富含优质蛋白质，孩子对乳制品过敏，可给孩子烹制由黄豆、黑豆、青豆等不同大豆为主食材的菜肴、饮品。

虾皮炒鸡蛋

原料

鸡蛋2个，虾皮10克，葱花、盐各适量。

做法

1.鸡蛋打成蛋液；热锅下油，倒入蛋液炒至八成熟。2.加入虾皮，炒至虾皮微黄。3.出锅前加入葱花翻炒，加盐调味即可。

爱心提示

市售熟制虾皮通常盐分含量较高，宜选用无任何添加的、直接烘干或晾晒后的虾皮。

虾皮含钙量丰富，素有"钙库"之称，同时虾皮还含有铁、磷、碘等营养素。对乳制品过敏的孩子可以常吃些虾皮补钙。

麸质过敏

紫薯山药糕

原料

铁棍山药 300 克，紫薯 400 克，白糖、橄榄油各适量。

做法

1. 铁棍山药洗净，去皮，切块；紫薯洗净，去皮，切块；将山药块和紫薯块上锅蒸熟。2. 将蒸熟的山药、紫薯捣成泥，加入少许白糖和橄榄油，拌匀。3. 将紫薯山药泥放入模具中，压成图案即可。

爱心提示

孩子不适宜食用太多糖，制作紫薯山药糕时可酌情少放些糖，调味即可。

营养笔记

山药含丰富的膳食纤维、钙等营养素，还能补充碳水化合物，为大脑提供能量。紫薯含有丰富的膳食纤维和花青素，有助于预防便秘、保护视力。

炝炒土豆丝

原料

土豆 200 克，水果醋、盐适量。

做法

1. 土豆洗净，去皮，切丝。2. 油锅烧热，倒入土豆丝大火翻炒。3. 锅中放入水果醋，翻炒至土豆丝熟软，出锅前加盐调味即可。

爱心提示

普通酱油、醋的原料中通常也含有小麦，麸质过敏的人可以选用无麸质酱油、水果醋。

营养笔记

土豆不仅富含胡萝卜素、维生素C、钾，而且富含淀粉，麸质过敏的孩子可以适当以土豆代替部分主食食用。

海鲜过敏

鲫鱼豆腐汤

原料

鲫鱼150克，豆腐120克，葱花、姜片、盐各适量。

做法

1. 鲫鱼剖洗干净，去除鱼鳍、鱼尾，沥干水分；豆腐洗净，切块。2. 热锅起油，放姜片爆香，放入鲫鱼，煎至两面金黄。3. 加入没过鱼身的开水，大火煮5分钟后放入豆腐块，转小火慢煮20分钟，出锅前加盐、葱花调味即可。

爱心提示

常见的适合儿童食用的淡水鱼有鲫鱼、鲈鱼、黑鱼、草鱼等。如果孩子对淡水鱼也过敏，可以选择畜禽类食物代替。

对海鲜过敏可以吃一些淡水鱼，鲫鱼属于淡水鱼，而且含有丰富的蛋白质，易于消化吸收，经常食用可以增强免疫力。

核桃花生饮

原料

核桃仁 10 克，花生米 20 克，白糖适量。

做法

1. 将核桃仁和花生米一同放入豆浆机，加适量清水。2. 开启豆浆模式，搅打至细腻、浓稠，煮熟。3. 加适量白糖调味即可。

爱心提示

清水可以用牛奶代替，营养更丰富，可以作为孩子两餐之间的加餐。

营养笔记

核桃和花生都含有丰富的不饱和脂肪酸、蛋白质、B 族维生素、维生素 E 等，适量食用对大脑发育有好处，可以补充因不能摄入海鲜而缺失的部分营养素。

坚果过敏

紫米发糕

原料

牛奶 170 毫升、紫米、低筋面粉各 100 克，鸡蛋 1 个，酵母粉 3 克，白糖 10 克。

做法

1. 紫米洗净，晾干，放入料理机打成米粉备用。
2. 鸡蛋打散，放入盆中，注入牛奶，放入酵母粉、白糖溶解；盆中加入紫米粉与低筋面粉，搅拌成面糊。3. 将面糊分别灌入锡纸杯的 1/2，放置于温暖的地方发酵约 30 分钟。4. 将发酵好的面糊上蒸锅大火蒸 30 分钟左右即可。

爱心提示

紫米发糕中的紫米可以换成小米、燕麦等粗粮，做成发糕，也一样营养又美味。

营养笔记

紫米含丰富的花青素、B 族维生素、铁、钙、磷、硒、镁、铜、锌等营养素，做成发糕很受孩子喜爱。

南瓜小米粥

原料

小米 30 克，南瓜 100 克。

做法

1. 南瓜去皮去瓤，切丁；小米淘洗干净。2. 小米放入锅内，加适量清水，放入南瓜丁，大火煮开后转小火继续熬煮 40 分钟即可。

爱心提示

淘洗小米时不要用手搓，或长时间浸泡，或用热水淘米，否则会破坏小米中的 B 族维生素。

营养笔记

南瓜中含有丰富的膳食纤维和维生素。小米温中和胃，保护胃黏膜。对坚果过敏的孩子可以多吃南瓜、小米这类致敏度较低的食物。

凉拌海带豆腐丝

原料

海带丝、豆腐丝 50 克，盐、香油、醋各适量。

做法

1. 海带切丝后用清水泡发。2. 锅中烧水，水开，放入海带丝和豆腐丝焯熟，捞出，过凉水，沥干。

3. 把海带丝和豆腐丝盛入碗中，滴入香油，再加入醋、适量的盐，搅拌均匀即可。

爱心提示

海带自带咸鲜的味道，食用时少放盐即可，加入醋味道会更加浓郁。

豆腐丝可以补充丰富的蛋白质，而且还有人体所需的必需氨基酸的成分，营养价值很高，而且口感很好。

宫保鸡丁

爱心提示

在给孩子做这道著名川菜时，注意选料和制作过程都需要改良。

原料

鸡胸肉 100 克，胡萝卜、黄瓜 50 克，料酒、酱油各适量。

做法

1. 鸡胸肉洗净，切丁。2. 胡萝卜洗净，切丁；黄瓜洗净，切丁。3. 鸡肉中加入适量的料酒和酱油，搅拌均匀后腌制 30 分钟。4. 锅中倒油，油热后放入腌好的鸡丁进行翻炒。5. 鸡肉变色后加入胡萝卜丁和黄瓜丁，炒熟即可。

营养笔记

相比鸡翅、鸡腿来说，鸡胸肉不管是热量、碳水化合物还是脂肪含量都很低，但饱腹感强，肉质饱满细腻。鸡胸肉蛋白质含量更高，且易被人体吸收。

大豆过敏

南瓜薏米饭

原料

薏米 20 克，南瓜 50 克，大米 30 克。

做法

1. 南瓜洗净，去皮去瓤，切块。2. 薏米洗净，浸泡 4 小时；大米洗净。3. 将大米、薏米、南瓜块和适量清水放入电饭锅中，选择煮饭模式煮熟即可。

爱心提示

薏米一定要煮至熟烂才能给孩子吃，否则会造成肠胃不适。

营养笔记

薏米作为药食两用食材，既有清热利湿的功效，还含有丰富的蛋白质、B 族维生素，适量食用对生长发育有益。

木瓜鲫鱼汤

原料

木瓜 200 克，鲫鱼 300 克，干银耳 50 克，杏仁、料酒、姜片、盐各适量。

做法

1. 木瓜洗净，去皮除子，切块；鲫鱼处理干净；银耳泡发，撕成小朵；杏仁洗净。2. 将鲫鱼放入锅中，加料酒、姜片和适量水，大火煮沸，放入木瓜块、杏仁、银耳，转小火炖煮。3. 煮至肉熟汤白，加适量盐调味即可。

爱心提示

做这道鱼汤时可以加入胡萝卜、山药等营养丰富的食材，使孩子营养均衡。

营养笔记

对大豆过敏可以多吃些鱼类。鱼类含有丰富的蛋白质、钙、磷等营养素。最好选用鱼刺少的鱼肉。

第十章
花样营养早餐

　　早餐质量会极大地影响孩子一上午的精力和学习能力，营养丰富的早餐是孩子身体发育和获得强大免疫力的基础。营养丰富的早餐包括谷薯类、新鲜蔬果、肉、蛋、奶等。本章提供的营养早餐，在兼顾美味的基础上，融入了一些心思，让孩子吃起来更有趣味。

奶香布丁

原料

淡奶油 100 克，牛奶 100 毫升，蛋黄 2 个，白糖适量。

做法

1.淡奶油中加入牛奶、白糖，放入锅中加热。2.蛋黄打散，倒入淡奶液中，拌匀，过筛去浮沫。3.放入烤箱，180℃烤 20 分钟即可。

爱心提示

奶香布丁是营养和口味兼备的甜品。因其糖分比较高，早餐适量食用即可。

营养笔记

奶香布丁主要是用牛奶制作而成，香甜可口，含有蛋白质、维生素和钙，营养丰富，适合作为早餐食用。

鲜虾粥

原料

大米 50 克，虾仁 100 克，大白菜、金针菇、盐各适量。

做法

1. 大米、虾仁、金针菇分别洗净；大白菜切碎。
2. 大米放入锅内，加适量水，大火煮沸后把白菜碎、虾仁、金针菇放入粥中熬煮至熟。3. 出锅前放少许盐调味即可。

爱心提示

煮粥时适量加入一些蔬菜、肉类、虾等，可使营养更丰富。

鲜虾粥鲜美可口，而且富含优质蛋白质、维生素等营养素。

营养笔记

紫薯饭团

原料

紫薯、大米各 50 克，糯米 30 克。

做法

1.紫薯洗净，切片，上锅蒸熟后捣成泥；大米和糯米洗净，上锅蒸熟。2.紫薯泥和熟米饭稍微放凉，拌匀后装入保鲜袋，揉成团即可。

爱心提示

可以依据孩子的年龄来调整饭团的大小，也可以用海苔将饭团装饰成可爱的卡通形象。

紫薯富含花青素，具有很强的抗氧化作用，对孩子眼睛有好处。糯米富含 B 族维生素，适量食用有助于促进代谢。

鸡肉香菇面

原料

鸡块 100 克，鲜香菇 120 克，油菜 30 克，面条 50 克，盐、生抽各适量。

做法

1. 鸡块洗净，焯烫；香菇去蒂，洗净，表面打花刀；油菜洗净。2. 油锅烧热，倒入鸡块翻炒，加入香菇、生抽，放适量水炖煮，出锅前放适量盐。3. 另起锅，加水煮沸，下面条和油菜，煮熟后捞出。将鸡块香菇汤浇到油菜面上即可。

爱心提示

相对来说，干香菇比鲜香菇营养更丰富。在生活中，可将干、鲜香菇作为食材，轮换食用。

营养笔记

鸡肉能补充儿童生长发育所需的蛋白质，并且脂肪含量较低，适合经常食用。香菇膳食纤维丰富，有助于润肠通便。

牛肉意面

原料

意大利面、彩椒、牛肉各 100 克，淀粉、橄榄油、盐、蒜末、酱油各适量。

做法

1. 彩椒洗净，切条；牛肉洗净，切条，用淀粉腌制。
2. 锅中倒橄榄油烧热，放入蒜末爆香，再放入牛肉条翻炒；另起锅，加水烧开，放入意大利面煮熟。3. 将煮好的意大利面放入牛肉锅中翻炒，倒入酱油，放入彩椒条炒至断生，出锅前加盐即可。

爱心提示

还可以将黄油、面粉、牛奶依次放入锅中，拌匀用小火煮成白酱，用来拌面也很好吃。

营养笔记

意大利面大多用杜兰小麦等面粉为原料制成，具有高密度、高蛋白、高筋度等特点。孩子适量吃意大利面，不仅对健康有益，而且可以锻炼咀嚼能力。

鲜肉蛋饺

原料

鸡蛋 1 个，猪肉馅 50 克，干香菇 20 克，干木耳 5 克，葱花、盐、生抽各适量。

做法

1. 香菇泡发，切末；木耳泡发，切丝；将处理的食材加入猪肉馅中拌匀。2. 猪肉馅中加少许葱花、生抽、盐拌匀。3. 鸡蛋打散。4. 平底锅刷油，舀取蛋液画圈倒入平底锅，摊成圆形蛋饼。趁蛋液未完全凝固，取小半勺猪肉馅放蛋饼上，折叠蛋皮。5. 做好的蛋饺上锅蒸 10 分钟即可。

爱心提示

油烧热后需要转小火或直接停火，利用余热使蛋皮凝固。注意预防过大导致蛋皮焦糊。

鲜肉蛋饺可以补充优质蛋白质、B 族维生素、铁、锌等儿童生长发育必需的营养素。

虾仁馄饨

原料

虾仁 50 克，猪肉、玉米粒各 100 克，紫菜、虾皮、酱油、白胡椒粉、盐、姜末、葱花、馄饨皮各适量。

做法

1.虾仁、猪肉洗净后分别剁碎，加入玉米粒、姜末、酱油、白胡椒粉、油、盐拌匀制成馅。2.把馅包入馄饨皮中，将馄饨放沸水中煮熟。3.将馄饨盛入碗中，加虾皮、紫菜、葱花、盐、馄饨汤即可。

爱心提示

可以依据喜好任意搭配馄饨馅中的肉类和蔬菜，虾肉可换成鱼肉、鸡肉。

虾仁馄饨可以补充儿童生长发育所需的蛋白质、脂肪、膳食纤维、胡萝卜素、钙等营养素。

鲜肉包

原料

面粉 250 克，酵母粉 3 克，猪肉 150 克，圆白菜 100 克，生抽、蚝油、葱丝、盐各适量。

做法

1. 面粉加酵母粉、适量水揉成面团，室温发酵。
2. 猪肉剁成肉馅；圆白菜洗净，切丝后放入肉馅中，再加入生抽、蚝油、葱丝。3. 锅中油烧热，将油倒入肉馅中，加适量盐，拌匀。4. 将醒发好的面团分成小剂子，擀成皮，加入肉馅，捏成包子生坯，蒸熟即可。

爱心提示

包子可以一次多做些，放入冰箱冷冻起来，需要吃的时候蒸熟即可。

营养笔记

一般孩子都爱吃带馅食物，不仅可帮助孩子摄入不太爱吃的食材，还可以补充蛋白质、脂肪、维生素等营养素。

鸡蛋卷

原料

鸡蛋2个，胡萝卜30克，淀粉、葱花、盐各适量。

做法

1.鸡蛋放入碗中，打散；胡萝卜洗净，切碎。2.蛋液中加入胡萝卜碎、葱花、盐和淀粉，搅拌均匀。3.平底锅刷油，开小火，倒入部分蛋液，迅速晃动锅，使蛋液均匀平铺锅底。4.定型后，将鸡蛋饼卷成卷即可。

爱心提示

一天吃1个鸡蛋即可，如果食用过多可能导致消化不良。

营养笔记

鸡蛋营养丰富，富含优质蛋白质、卵磷脂、钙、硒等营养素。孩子常吃鸡蛋可以促进身体及神经系统的发育。

牛肉馅饼

原料

面粉 200 克, 青菜 100 克, 牛肉馅 150 克, 葱末、姜末、盐各适量。

做法

1.青菜洗净, 焯烫后捞出, 挤干水分, 切碎。2.将牛肉馅、青菜碎、葱末、姜末加盐搅匀。3.面粉加清水和匀, 醒发 10 分钟, 分成大小相同的剂子, 分别擀成饼皮, 填入牛肉馅包好, 擀成馅饼。4.锅内倒油烧热, 放入馅饼煎至两面金黄即可。

爱心提示

馅料中还可以添加其他蔬菜, 如胡萝卜、洋葱、西葫芦等。

牛肉馅饼营养开胃, 补充生长发育所必需的碳水化合物、蛋白质、维生素等, 有助于孩子长高长壮。

营养笔记

芦笋鸡蛋饼

原料
鸡蛋 2 个，芦笋 100 克，面粉、盐各适量。

做法
1. 芦笋洗净，切段，焯水。2. 烤箱预热至200℃。3. 鸡蛋打散，在蛋液中加入适量面粉，搅拌成糊。4. 烤盘底部抹适量油，倒入面糊，放芦笋段，加入适量盐，放入烤箱，200℃上下火烤 15 分钟即可。

爱心提示

如果想让口感更好，可适当加点动物黄油，烤制出的饼更好吃。

芦笋含较多的硒、镁、维生素 C、叶酸等营养素，有助于开胃促食。

玉米发糕

原料

玉米粉、面粉各 100 克，鸡蛋 1 个，酵母粉适量。

做法

1. 玉米粉与面粉混合，加适量酵母粉，打入鸡蛋，加适量水，揉成光滑的面团，擀成薄厚均匀、大小合适的饼，放入蒸屉，盖保鲜膜，醒发 30 分钟。
2. 蒸锅上汽，将蒸屉放入锅中，蒸 20 分钟即可。

爱心提示

如果做的玉米发糕一次吃不完，可以密封起来放冰箱冷冻，一周内吃完，吃之前充分加热即可。

上午人体的新陈代谢旺盛，在早餐补充碳水化合物有助于提高学习能力。

图书在版编目（CIP）数据

儿童营养餐 长高个儿 视力好 更聪明 / 任姗姗编
著 . —北京：中国轻工业出版社，2022.7
ISBN 978-7-5184-3770-2

Ⅰ . ①儿… Ⅱ . ①任… Ⅲ . ①儿童食品－食谱
Ⅳ . ① TS972.162

中国版本图书馆 CIP 数据核字（2021）第 251497 号

责任编辑：罗雅琼　　　责任终审：李建华　　　整体设计：奥视读乐
策划编辑：罗雅琼　　　责任校对：宋绿叶　　　责任监印：张京华

出版发行：中国轻工业出版社有限公司（北京东长安街 6 号，邮编：100740）
印　　刷：北京博海升彩色印刷有限公司
经　　销：各地新华书店
版　　次：2022 年 7 月第 1 版第 1 次印刷
开　　本：710×1000　1/16　印张：12
字　　数：200 千字
书　　号：ISBN 978-7-5184-3770-2　　定价：49.80 元
邮购电话：010-65241695
发行电话：010-85119835　传真：85113293
网　　址：http://www.chlip.com.cn
Email：club@chlip.com.cn
如发现图书残缺请与我社邮购联系调换
210456S3X101ZBW